やりきれるから自信がつく！

✓ 1日1枚の勉強で，学習習慣が定着！

◎目標時間に合わせ，無理のない量の問題数で構成されているので，
「1日1枚」やりきることができます。

◎解説が丁寧なので，まだ学校で習っていない内容でも勉強を進めることができます。

✓ すべての学習の土台となる「基礎力」が身につく！

◎スモールステップで構成され，1冊の中でも繰り返し練習していくので，
確実に「基礎力」を身につけることができます。「基礎」が身につくことで，発
展的な内容に進むことができるのです。

◎教科書に沿っているので，授業の進度に合わせて使うこともできます。

✓ 勉強管理アプリの活用で，楽しく勉強できる！

◎設定した勉強時間にアラームが鳴るので，学習習慣がしっかりと身につきます。

◎時間や点数などを登録していくと，成績がグラフ化されたり，
賞状をもらえたりするので，達成感を得られます。

◎勉強をがんばると，キャラクターとコミュニケーションを
取ることができるので，日々のモチベーションが上がります。

JN040248

毎日のドリルの 使い方

学研

❶ 1日1枚，集中して解きましょう。

表 / 裏

◎ 1回分は，1枚（表と裏）です。

1枚ずつはがして使うこともできます。

◎ 目標時間を意識して解きましょう。

アプリのストップウォッチなどで，かかった時間をはかるとよいです。

・巻末の「まとめテスト」で，この本の内容が身についたか確認できます。

❷ 答え合わせをしましょう。

・本の最後に，「答えとアドバイス」があります。

・答え合わせをして，点数をつけましょう。

できなかった問題を解き直すと，より力がつくよ！

❸ アプリに得点を登録しましょう。

・アプリに得点を登録すると，成績がグラフ化されます。

・勉強すると，キャラクターが育ちます。

♪毎日のドリル♪

勉強管理アプリ

「毎日のドリル」シリーズ専用、スマートフォン・タブレットで使える無料アプリです。
1つのアプリで、シリーズすべてを管理でき、学習習慣が楽しく身につきます。

1 「毎日のドリル」の学習を徹底サポート!

毎日の勉強タイムをお知らせする
「タイマー」

かかった時間を計る
「ストップウォッチ」

勉強した日を記録する
「カレンダー」

入力した得点を
「グラフ化」

目標時間と日本語時間を意識しよう!

2 キャラクターと楽しく学べる!

好きなキャラクターを選ぶことができ、カードが育ち、「ひみつ」やワザが増えます。

3 1冊終わると、ごほうびがもらえる!

ドリルが1冊終わるごとに、賞状やメダル、称号がもらえます。

これはやる気が でちゃうぞ!
でるっちゃ!

4 漢字と英単語のゲームにチャレンジ!

ゲームで、どこでも手軽に、楽しく勉強できます。漢字は学年別、英単語はレベル別に構成されており、ドリルで勉強した内容の確認にもなります。

自己ベスト更新を目指そう!

アプリの無料ダウンロードはこちらから!
https://gakken-ep.jp/extra/maidori/

【推奨環境】
■各種Android端末：対応OS Android6.0以上
■各種iOS（iPadOS）端末：対応OS iOS10以上
※対応OSであっても、Intel CPU (x86 Atom)搭載の端末では正しく動作しない場合があります。
※対応OSや対応機種については、各ストアでご確認ください。
※お客様のネット環境およびご利用できない場合、当社は責任を負いかねます。
また、事前の予告なく、サービスの提供を中止する場合があります。ご理解、ご了承いただきますよう、お願いいたします。

億の位・兆の位

1 次の数の読み方を漢字で書きましょう。　　1つ4点【24点】

①　億　万
　　1 5 2 6 7 0 0 0 0 0 0 0　　（　百五十二億六千七百万　）
　　右から4けたごとに区切ると，読みやすくなる。

②　6 0 3 0 9 0 0 0 0 0 0 0　　（　　　　　　　　　　　）

③　7 0 4 0 3 0 0 0 0 0 0　　（　　　　　　　　　　　）

④　兆　億　万
　　1 3 5 0 8 0 0 0 0 0 0 0 0　　（　　　　　　　　　　　）
　　└千億の10倍を一兆という。

⑤　2 0 9 1 4 0 0 0 0 0 0 0 0　　（　　　　　　　　　　　）

⑥　8 0 5 0 0 9 0 0 0 0 0 0 0 0 0　　（　　　　　　　　　　　）

2 次の数を数字で書きましょう。　　1つ5点【15点】

①　七百五十二億八百万

（　　　75208000000　　　）

②　四千八十一億六千万

（　　　　　　　　　　　）

③　七十九兆二十億

（　　　　　　　　　　　）

【位取り表の使い方】
数字を入れ，読まない位に0を書く。

千	百	十	一	千	百	十	一	千	百	十	一	千	百	十	一
			兆				億				万				
				7	5	2	0	8	0	0	0	0	0	0	0

億も兆も，
一，十，百，千の
くり返しだね！

3 次の数の読み方を漢字で書きましょう。　　　　　1つ4点【24点】

① 20906000000　　　（　　　　　　　　　　　　　）

② 415800000000　　（　　　　　　　　　　　　　）

③ 3647000000000　　（　　　　　　　　　　　　　）

④ 538000100000000　（　　　　　　　　　　　　　）

⑤ 1640900000000　　（　　　　　　　　　　　　　）

⑥ 1048030000000000　（　　　　　　　　　　　　　）

4 次の数を数字で書きましょう。　　　①〜⑤1つ6点，⑥7点【37点】

① 四百五十二億九千万

（　　　　　　　　　　　）

② 三十億八百五十万

（　　　　　　　　　　　）

③ 七千五百三億

（　　　　　　　　　　　）

④ 五兆四百八億二千万

（　　　　　　　　　　　）

⑤ 九十五兆六十億

（　　　　　　　　　　　）

⑥ 三百十兆六千九百億

（　　　　　　　　　　　）

0の数に注意して読んだり書いたりしよう！

答え ▶ 85ページ

1 次の数を数字で書きましょう。　　　1つ5点【20点】

① |億を7こ, |000万を4こあわせた数

（ 740000000 ）

② |00億を5こ, |億を7こあわせた数

（　　　　　　　　　）

③ |兆を3こ, |00億を6こ, |00万を7こあわせた数

（　　　　　　　　　）

④ |0兆を|こ, |0億を8こ, |000万を9こあわせた数

（　　　　　　　　　）

2 次の数を数字で書きましょう。　　　1つ6点【24点】

① |000万を28こ集めた数

（ 280000000 ）

② |億を|60こ集めた数

（　　　　　　　　　）

③ |兆を5こ, |億を4600こあわせた数

（　　　　　　　　　）

④ |兆を32こ, |億を780こあわせた数

（　　　　　　　　　）

3 次の数を数字で書きましょう。

1つ8点【24点】

① 10億を6こ，100万を8こあわせた数

(　　　　　　　　　　　)

② 1兆を2こ，1000億を7こ，1000万を9こあわせた数

(　　　　　　　　　　　)

③ 100兆を3こ，1000億を5こ，1億を4こあわせた数

(　　　　　　　　　　　)

4 次の数を数字で書きましょう。

1つ8点【16点】

① 1000万を150こ集めた数

(　　　　　　　　　　　)

1000万が10こで
1億だから…。

② 1兆を14こ，1億を5010こあわせた数

(　　　　　　　　　　　)

5 □ にあてはまる数を書きましょう。

全部できて1つ8点【16点】

① 730000000は，千万を □ こ集めた数です。

② 4302900000000は，一兆を □ こ，一億を □ こ
あわせた数です。

大きい数のしくみもバッチリだね！

答え ▶ 85ページ

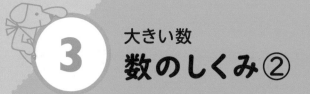

数のしくみ②

1 □にあてはまる数を書きましょう。　1つ4点【32点】

①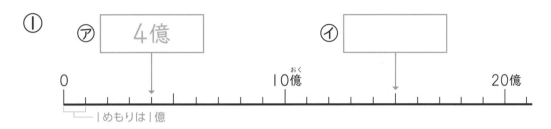

②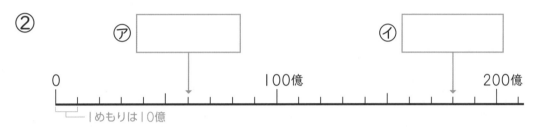

③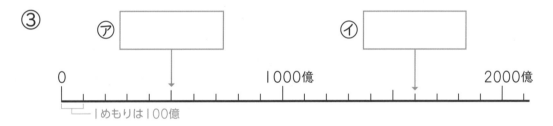

④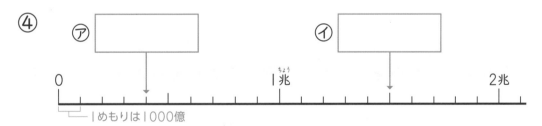

2 次の2つの数の大小を，不等号を使って表しましょう。　1つ6点【12点】

① 15265000 ＜ 152610000
　　　　　　└大きいほうにひらく。

② 322078000 □ 320780000

まず，けた数をくらべるよ。
小＜大，大＞小だね。

3 ◻ にあてはまる数を書きましょう。

①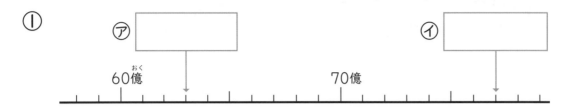

②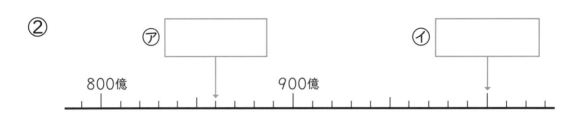

③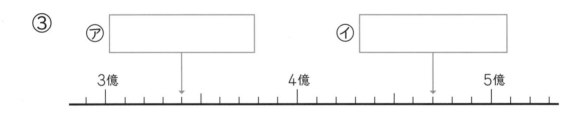

④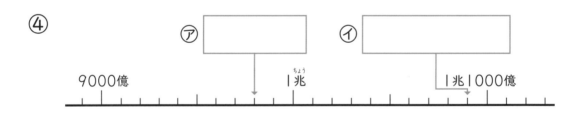

4 次の2つの数の大小を，不等号を使って表しましょう。

① 876500102300 ◻ 87650102300

② 4627013890 ◻ 4627103890

数直線の小さい1めもりの大きさが大事だね。

答え ▶ 85ページ

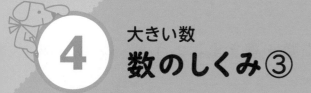

1 次の数を10倍した数を書きましょう。　　　1つ4点【12点】

① 6億

(60億)

整数を10倍すると，位は1けたずつ上がる。

億			万						
6	0	0	0	0	0	0	0	0	0

		億			万				
		6	0	0	0	0	0	0	0

10倍

② 32億

( )

③ 4000億

( )

2 次の数を100倍した数を書きましょう。　　　1つ4点【16点】

① 2億 ←— 100倍すると，位が2けたずつ上がる。

(200億)

② 18億

( )

③ 900億

( )

④ 3000億

( )

3 次の数を $\frac{1}{10}$ にした数を書きましょう。　　　1つ4点【12点】

① 40億

(4億)

整数を $\frac{1}{10}$ にすると，位は1けたずつ下がる。

億			万						
4	0	0	0	0	0	0	0	0	0

		億			万				
		4	0	0	0	0	0	0	0

$\frac{1}{10}$

② 60兆

( )

③ 7兆

( )

4 次の数を10倍した数，100倍した数を書きましょう。　　1つ3点【30点】

① 29億

10倍 （　　　　　　　）

100倍 （　　　　　　　）

つける0の数を
まちがえないように！

② 700億

10倍 （　　　　　　　）

100倍 （　　　　　　　）

③ 560億

10倍 （　　　　　　　）

100倍 （　　　　　　　）

④ 8000億

10倍 （　　　　　　　）

100倍 （　　　　　　　）

⑤ 6兆

10倍 （　　　　　　　）

100倍 （　　　　　　　）

5 次の数を $\frac{1}{10}$ にした数を書きましょう。　　1つ5点【30点】

① 50億

（　　　　　　　）

② 390億

（　　　　　　　）

③ 9000億

（　　　　　　　）

④ 1060億

（　　　　　　　）

⑤ 2兆

（　　　　　　　）

⑥ 9兆7000億

（　　　　　　　）

位がどのように変わるかわかったかな？

答え ▶ 86ページ

1 下の位取りの表を見て答えましょう。　1つ4点【12点】

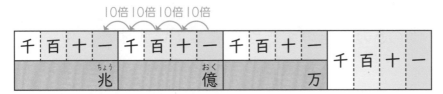

10倍 10倍 10倍 10倍

千	百	十	一	千	百	十	一	千	百	十	一	千	百	十	一
		兆				億				万					

① 数は，位が1つ左へ進むごとに，何倍になっていますか。

（　　10倍　　）

② 百億は一億の何倍ですか。　（　　　　　　）

③ 一兆は一億の何倍ですか。　（　　　　　　）

2 0から9までの数字のカードを，どれも1回ずつ使って，次の10け
たの数をつくりましょう。　1つ8点【32点】

0	1	2	3	4	5	6	7	8	9

① いちばん大きい数

数字の大きい順にならべる。
（　9876543210　）

② 2番めに大きい数　（　　　　　　）

③ いちばん小さい数　（　　　　　　）

④ 2番めに小さい数　（　　　　　　）

3 右の数について答えましょう。

1つ8点【32点】

25083579560000

↑ ↑ ↑
㋐ ㋑ ㋒

① いちばん左の2は，何の位の数字ですか。

(　　　　　　　　)

② ㋑の5は，㋒の5の何倍の大きさを表していますか。

(　　　　　　　　)

③ ㋐の5は，㋑の5の何倍の大きさを表していますか。

(　　　　　　　　)

④ ㋐の5は，㋒の5の何倍の大きさを表していますか。

(　　　　　　　　)

4 下の10まいの数字のカードを，どれも1回ずつ使って，次の10けたの数をつくりましょう。

1つ8点【24点】

| 0 | 0 | 1 | 1 | 2 | 3 | 4 | 7 | 8 | 9 |

① いちばん大きい数 (　　　　　　　　)

② いちばん小さい数 (　　　　　　　　)

③ 8000000000にいちばん近い数

8000000000より小さいときと
大きいときの2種類つくってくらべるよ。

(　　　　　　　　)

それぞれの位の数字の関係はわかったかな？

答え ▶ 86ページ

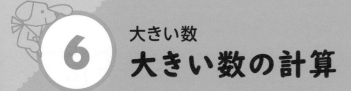

6 大きい数
大きい数の計算

月　日　10分

得点

点

1 次の計算をしましょう。　　　　　　　　　　　　　　1つ3点【24点】

① 23万 ＋ 15万 ＝ 38万
　　　　　　└ 23＋15＝38 ┘↑

② 19億 ＋ 45億 ＝

③ 21兆 ＋ 43兆 ＝

④ 65兆 ＋ 28兆 ＝

⑤ 20万 － 16万 ＝ 4万
　　　　　　└ 20－16＝4 ┘↑

⑥ 59億 － 23億 ＝

⑦ 72億 － 65億 ＝

⑧ 83兆 － 38兆 ＝

2 次の計算をしましょう。　　　　　　　　　　　　　　1つ4点【16点】

① 1200 × 300

　　＝ 360000

①12　　×3　　＝36
　12 **00** ×3　　＝36 **00**　　×100　　×10000
　12 **00** ×3 **00** ＝360000　×100

②12　　×3　　＝36
　12 **万** ×3　　＝36 **万**　　×1万　　×1億
　12 **万** ×3 **万** ＝36 **億**　×1万

② 12万 × 3万 ＝ 36億

③ 2700 × 3500 ＝ 9450000

④ 27万 × 35万 ＝

15

3 次の計算をしましょう。

1つ3点【24点】

① 49万＋34万

② 54億＋16億

③ 58億＋73億

④ 26兆＋58兆

⑤ 73万－27万

⑥ 91億－56億

⑦ 82兆－49兆

⑧ 110兆－74兆

4 24×32＝768を使って，答えを求めましょう。

1つ4点【16点】

① 2400×3200

② 24万×32

③ 24万×32万

④ 24億×32万

④は，1億×1万＝1兆になるから…。

5 次の計算をしましょう。

1つ5点【20点】

① 42万×2

② 12万×8万

③ 47億×12万

④ 26億×83万

かけ算の積の単位を見直しておこう！

答え ▶ 86ページ

折れ線グラフのよみ方

1 次の㋐～㋑で，折れ線グラフに表すとよいものには○を，ぼうグラフに表すとよいものには△を書きましょう。

1つ4点【16点】

㋐（ ○ ） 毎週はかっているヘチマのくきの長さ

㋑（ 　 ） 図書室にある本の種類ごとの数

㋒（ 　 ） 学校の前を1時間に通った乗り物の種類とその数

㋓（ 　 ） 毎年4月に調べた自分の体重

変わっていくもののようすを
折れ線グラフで表そう！

2 次の折れ線グラフは，1日の気温の変わり方を表したものです。

1つ8点【32点】

① 午前9時の気温は何度ですか。

（ 　16度　 ）

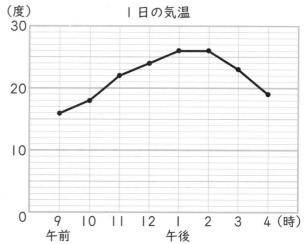

（度）　　　1日の気温

② 午後に気温が19度になったのは何時ですか。

（ 　　　　　 ）

③ 気温が変わらなかったのは，何時から何時までですか。

（ 　　　　　　　　　　　 ）

④ 気温の上がり方がいちばん大きかったのは，何時と何時の間ですか。

（ 　　　　　　　　　　　 ）

3 次の㋐〜㋑で，折れ線グラフに表すとよいものには○を，ぼうグラフに表すとよいものには△を書きましょう。

1つ4点【16点】

㋐（　　）学校で起きたけがの場所ごとの人数

㋑（　　）毎年4月に調べた入学してくる1年生の人数

㋒（　　）1時間ごとに調べた日なたの水の温度

㋓（　　）農作物の種類ごとの生産量

4 次の折れ線グラフは，1日の地面の温度の変わり方を表したものです。

1つ9点【36点】

① 午後3時の地面の温度は何度ですか。

（　　　　　　　）

② 午前に地面の温度が24度になったのは何時ですか。

（　　　　　　　）

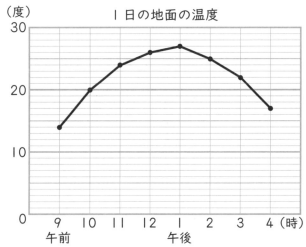

1日の地面の温度

③ 地面の温度がいちばん高いのは何時で，それは何度ですか。

（　　　　　　　　　　　　　　　　　）

④ 地面の温度の下がり方がいちばん大きかったのは，何時と何時の間ですか。

（　　　　　　　　　　　　　　　　　）

折れ線グラフのよみ方はマスターしたね！

答え ▶ 87ページ

折れ線グラフと表

折れ線グラフのかき方

月　日

得点

点

1 　下の表は，花だんに集まるこん虫の数を調べたものです。これを折れ線グラフに表しましょう。

全部できて【25点】

花だんに集まるこん虫の数

時こく　　　（時）	午前9	10	11	12	午後1	2	3	4
こん虫の数（ひき）	9	10	22	26	24	18	11	5

【折れ線グラフのかき方】

❶ 横のじく…時こくをとり，同じ間をあけて書く。単位も書く。

❷ たてのじく…こん虫の数をとり，いちばん多い数が表せるようにめもりをつける。単位も書く。

❸ それぞれの時こくの，こん虫の数を表すところに点をうち，点を直線でつなぐ。

❹ 表題を書く。（先に書いてもよい。）

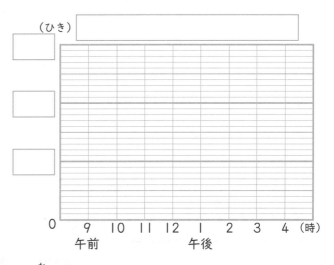

2 　下の表は，みさきさんの身長の変わり方を調べたものです。これを折れ線グラフに表しましょう。

全部できて【25点】

みさきさんの身長

年れい（才）	6	7	8	9	10
身長（cm）	117	120	125	129	134

〜の印を使って，めもりのとちゅうを省いているね。

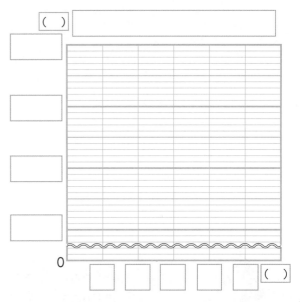

19

3 下の表は，ゆうたさんの体重の変わり方を表したものです。これを折れ線グラフに表しましょう。

全部できて【25点】

ゆうたさんの体重

年れい(才)	4	5	6	7	8	9
体重(kg)	15	18	20	24	27	29

( )

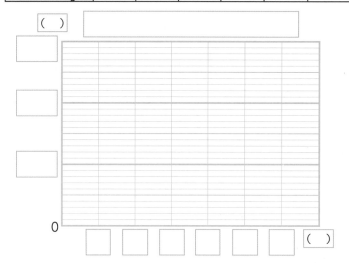

横のじくのめもりは同じ間かくで数字を入れると，変わり方が正しく表せるよ。

( )

4 右の表は，池の水の温度の変わり方を表したものです。これを折れ線グラフに表しましょう。

全部できて【25点】

池の水の温度

時こく(時)	午前 9	10	11	12	午後 1	2	3
温度 (度)	23	24	26	28	29	29	27

( )

0

午前　　　　　　　午後

( )

グラフに表すと変化のようすがわかりやすいね！

答え ▶ 87ページ

折れ線グラフと表
2つの折れ線グラフ

月　　日　10分

得点

点

1 下の表は，1日の気温と地面の温度を調べたものです。

①16点，②〜⑤1つ8点【48点】

1日の気温と地面の温度

時こく　　　（時）	午前 8	9	10	11	12	午後 1	2	3	4	5
気　温　　　（度）	13	14	16	18	19	21	23	21	20	19
地面の温度（度）	8	14	19	23	26	27	26	24	22	18

① 地面の温度の変わり方を，右のグラフに表しましょう。

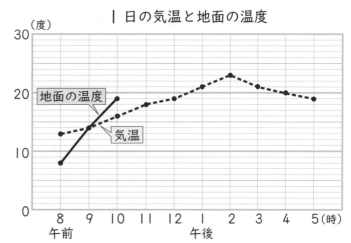

② 気温がいちばん高いのは何時で，それは何度ですか。

（　　　　　　　　　　　）

③ 地面の温度がいちばん高いのは何時で，それは何度ですか。

（　　　　　　　　　　　）

変わり方のようすはわかるけど，点と点の間の気温はかならず正かくとはいえないよ。

④ 温度の変わり方が大きいのは，気温と地面の温度のどちらですか。

（　　　　　　　　　　　）

⑤ 気温と地面の温度のちがいがいちばん大きいのは何時で，ちがいは何度ですか。

（　　　　　　　　　　　）

2 下の表は，東京とオーストラリアのメルボルンという都市の1年間の気温を調べたものです。

①16点，②〜⑤1つ9点【52点】

東京とメルボルンの1年間の気温（度）

月	1	2	3	4	5	6	7	8	9	10	11	12
東京	5	6	9	14	19	22	25	27	23	18	13	8
メルボルン	21	21	19	16	13	11	10	11	13	15	17	19

① メルボルンの1年間の気温を，右のグラフに表しましょう。

② メルボルンの気温がいちばん低いのは何月で，それは何度ですか。

（　　　　　　　　）

東京とメルボルンの1年間の気温

③ 東京の気温がいちばん高いのは何月で，それは何度ですか。

（　　　　　　　　）

④ 3月は，東京とメルボルンのどちらがあたたかいですか。

（　　　　　　　　）

⑤ 次のことは正しいですか，正しくないですか。

> 2月から7月までは，東京の気温が高くなっていくにつれて，メルボルンの気温が低くなっていく関係である。

（　　　　　　　　）

アプリに，得点を登ろくしよう！

答え ▶ 87ページ

整理のしかた①

1 色板を，形と色で分けて，下の表にまとめます。 ①25点, ②～⑥1つ5点【50点】

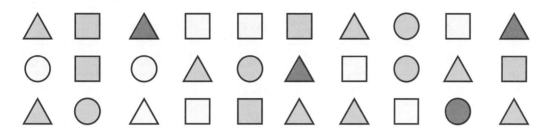

① 「正」の字を使って数を調べ，それを数字になおしましょう。

色板の形と色

形 ＼ 色	緑		赤		黄		合計
三角形	正下	8					
四角形							
円							
合　計							

② 緑の四角形の色板は何まいありますか。

(　　　　　　　　)

③ 三角形の色板は何まいありますか。

(　　　　　　　　)

④ 緑の色板は何まいありますか。

(　　　　　　　　)

⑤ 数がいちばん多いのは，何色のどんな形の色板ですか。

(　　　　　　　　　　　　)

⑥ 色板は全部で何まいありますか。

(　　　　　　　　)

色板に印をつけながら「正」の字に表そう！

2 下の表は、|週間にどんなけがをどこでしたかを調べたものです。

①26点, ②〜④1つ8点【50点】

けがの種類	場所
すりきず	校庭
切りきず	校庭
うちみ	校庭
切りきず	教室
すりきず	校庭
すりきず	ろうか

けがの種類	場所
すりきず	ろうか
切りきず	教室
切りきず	体育館
すりきず	校庭
うちみ	体育館
ねんざ	校庭

けがの種類	場所
うちみ	体育館
すりきず	校庭
すりきず	教室
ねんざ	体育館
切りきず	教室
すりきず	校庭

① けがの種類と場所に分けて、下の表にまとめましょう。

けがの種類とけがをした場所

けがの種類＼場所	校庭	教室	ろうか	体育館	合計
すりきず					
切りきず					
うちみ					
ねんざ					
合　計					

② 教室で切りきずをした人は何人ですか。

(　　　　　　　)

③ どこでどんなけがをした人がいちばん多いですか。

(　　　　　　　)

④ |週間にけがをした人は、全部で何人ですか。

(　　　　　　　)

数え落としや重なりがないか注意しよう！

答え ▶ 88ページ

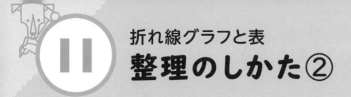

整理のしかた②

月　日　10分

得点

点

1　下の表は，ハンカチとチリ紙を持ってきているかどうか，15人について調べたものです。（ハンカチは⑪，チリ紙は㋑で表す）

①1つ10点，②〜③1つ5点【30点】

番号	⑪	㋑
1	×	○
2	○	○
3	○	×

番号	⑪	㋑
4	○	×
5	×	○
6	×	○

番号	⑪	㋑
7	×	×
8	○	×
9	×	○

番号	⑪	㋑
10	×	×
11	○	○
12	×	○

番号	⑪	㋑
13	○	×
14	×	○
15	×	×

○…持ってきている　×…持ってきていない

①　㋐の表にまとめてから，㋙の表に整理しましょう。

㋐

⑪	㋑	人数(人)
○	○	2
○	×	
×	○	
×	×	

㋙　　　　　持ちもの調べ　　　（人）

		ハンカチ		合計
		持ってきている	持ってきていない	
チリ紙	持ってきている	2		
	持ってきていない			
合計				

②　ハンカチもチリ紙も持ってきていない人は何人ですか。

（　　　　　）

③　チリ紙だけ持ってきている人は何人ですか。

（　　　　　）

2　右の表のあいているところにあてはまる数を書きましょう。

【15点】

㋐は，たてに見ると，
9−7＝2
と求められるよ。

公園でぼうしをかぶっている人調べ（人）

	かぶっている	かぶっていない	合計
子ども	7		12
おとな	㋐ 2		8
合計	9	11	20

3 下の表は，犬やねこをかっているかどうか，20人について調べた
ものです。

①20点，②〜④1つ5点【35点】

番号	犬	ねこ	番号	犬	ねこ	番号	犬	ねこ	番号	犬	ねこ	番号	犬	ねこ
1	○	○	5	×	○	9	×	×	13	○	×	17	○	○
2	○	×	6	×	×	10	○	×	14	×	×	18	×	○
3	×	×	7	○	×	11	○	○	15	○	×	19	×	×
4	×	○	8	×	○	12	×	×	16	×	×	20	○	×

○…かっている　×…かっていない

① 犬やねこをかっているようすがわか
るように，右の表に整理しましょう。

② どちらもかっている人は何人ですか。

（　　　　　）

③ 犬だけかっている人は何人ですか。

（　　　　　）

④ ねこをかっていない人は何人ですか。

（　　　　　）

かっている動物調べ（人）

		犬		合計
		かっている	かっていない	
ね こ	かっている	3		
	かっていない			
合　計				

犬もねこもかっていない
人が多いようすもわかる！

4 35人でハイキングに行きました。そのうち，おとなは18人です。
お昼ご飯(はん)はパンかおにぎりで，パンを選
んだ子どもは9人，おにぎりを選んだ人
は合わせて16人いました。ハイキング
に行った人たちとお昼ご飯の人数のよう
すを，右の表に表しましょう。　【20点】

ハイキングのお昼ご飯調べ（人）

	パン	おにぎり	合計
子ども			
おとな			
合　計			

よくがんばったね！次は角の大きさだよ！

答え ▶ 88ページ

1 あ～うの角度をはかりましょう。

1つ8点【24点】

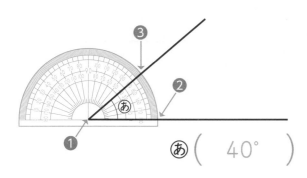

あ（　40°　）

【角度のはかり方】
❶ 分度器の中心を，角の頂点アに合わせる。
❷ 0°の線を辺アイに合わせる。
❸ 辺アウと重なっているめもりをよむ。

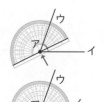

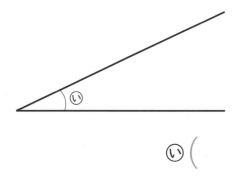

い（　　　）

う（　　　）

2 あ～うの角度をはかりましょう。

1つ8点【24点】

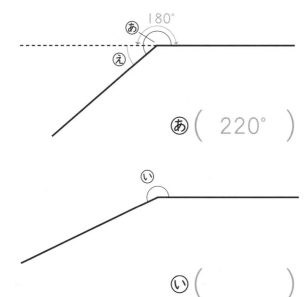

180°

あ（　220°　）

えの角度は40°
あの角度は
180°＋40°だ。

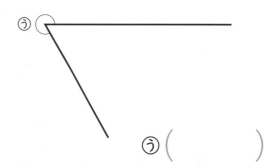

い（　　　）

う（　　　）

27

3 あ～えの角度をはかりましょう。

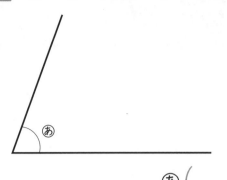

あ（　　　　）

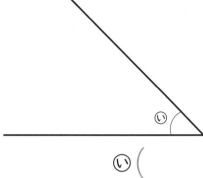

い（　　　　）

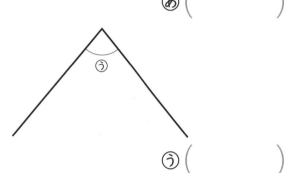

う（　　　　）

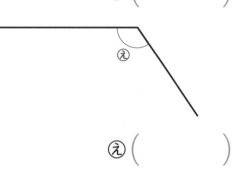

え（　　　　）

4 あ～えの角度をはかりましょう。

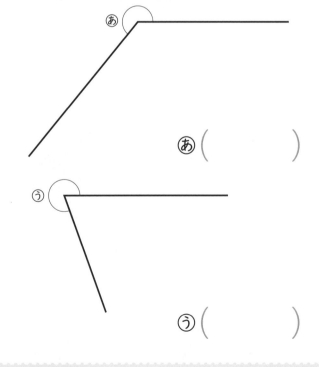

あ（　　　　）

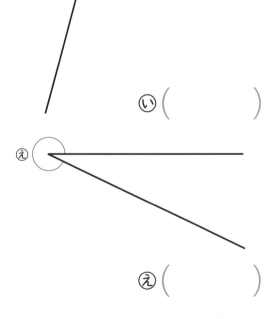

い（　　　　）

う（　　　　）

え（　　　　）

角度のはかり方は完ぺキだね！

答え ▶ 89ページ

28

13 角
角のかき方

1 次の大きさの角をかきましょう。　　　　　1つ6点【24点】

① 50°

❸ 直線をひく。
❷ 分度器を合わせ，50°の
ところに点をうつ。
❶ 直線をひく。

② 30°

③ 140°

④ 160°

2 次の大きさの角をかきましょう。　　　　　1つ8点【24点】

① 210°

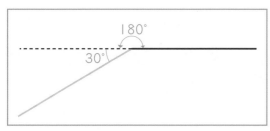

180°
30°

180°をもとにすると，
210−180=30
180°と30°に分けてかこう。

② 330°

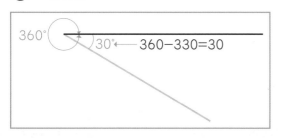

360°
30°　←　360−330=30

③ 300°

29

3 次の大きさの角をかきましょう。 1つ6点【24点】

① 20°

② 75°

③ 120°

④ 165°

4 次の大きさの角をかきましょう。 1つ7点【28点】

① 240°

② 235°

③ 285°

④ 325°

180°や360°をもとにかく角もあるんだね。

答え ▶ 89ページ

角度の計算・三角形のかき方

得点

点

1 次の⑤〜②の角度を，計算で求めましょう。　　1つ7点【28点】

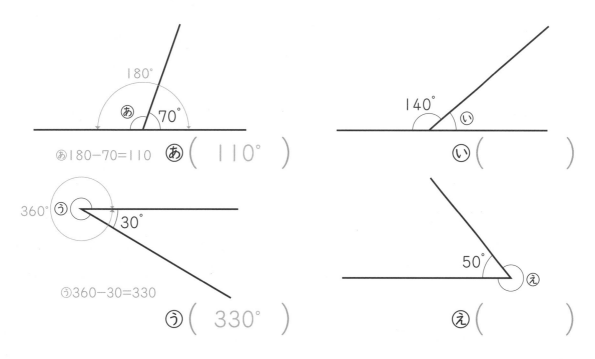

⑤180−70=110　⑤(**110°**)

⑩(　　　)

⑤360−30=330

⑤(**330°**)

②(　　　)

2 1組の三角じょうぎを組み合わせてできる，⑤〜⑤の角度を求めましょう。　　1つ7点【21点】

【1組の三角じょうぎの角の大きさ】

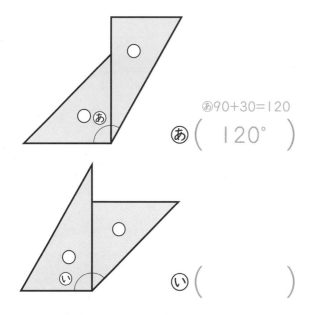

⑤90+30=120

⑤(**120°**)

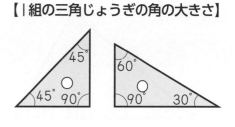

⑩(　　　)

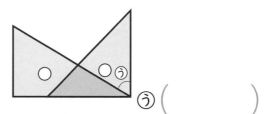

⑤(　　　)

3 次の⑱，⑪の角度を，計算で求めましょう。　1つ7点【14点】

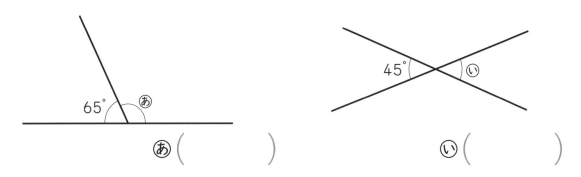

⑱（　　　　　　）　　　　　　⑪（　　　　　　）

4 1組の三角じょうぎを組み合わせてできる，⑱〜⑨の角度を求めましょう。　1つ7点【21点】

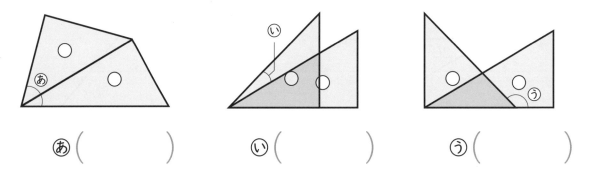

⑱（　　　　　　）　　⑪（　　　　　　）　　⑨（　　　　　　）

5 下の図のような三角形を，右にかきましょう。　【16点】

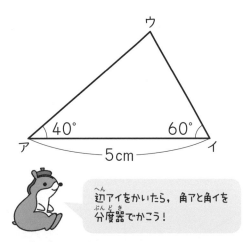

辺アイをかいたら，角アと角イを分度器でかこう！

自分でもいろいろな角度をつくってみてね！

答え ▶ 90ページ

小数の表し方

1 水のかさは何Lですか。　　　　　　　　　　　　　　　1つ5点【10点】

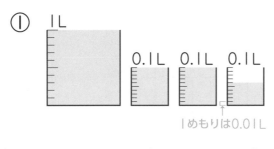

① 1L　0.1L　0.1L　0.1L
1めもりは0.01L

② 0.1L　0.1L　0.1L　0.1L　0.1L
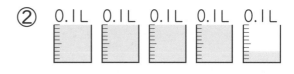

（　1.26L　）

（　　　　　）

2 ア〜エのめもりが表す長さは何mですか。また，4.95m，5.08m を表すめもりに↑をかきましょう。　　　　　　　　　　1つ5点【30点】

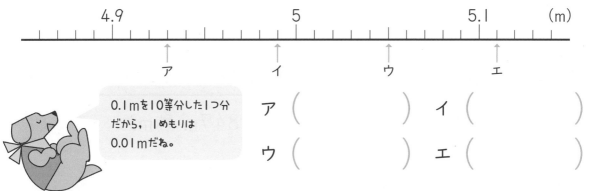

4.9　　　　　5　　　　　5.1　（m）

ア　イ　ウ　エ

0.1mを10等分した1つ分 だから，1めもりは 0.01mだね。

ア （　　　　　）　イ （　　　　　）

ウ （　　　　　）　エ （　　　　　）

3 次の重さを，kgを単位にして表しましょう。　　　　　1つ5点【15点】

① 1kg475g

（　1.475kg　）

100g → （　1kgの$\frac{1}{10}$　） … 0.1kg

10g → （　0.1kgの$\frac{1}{10}$　） … 0.01kg

1g → （0.01kgの$\frac{1}{10}$） … 0.001kg

② 3kg60g

（　　　　　）

③ 814g

（　　　　　）

4 水のかさは何Lですか。 1つ5点【10点】

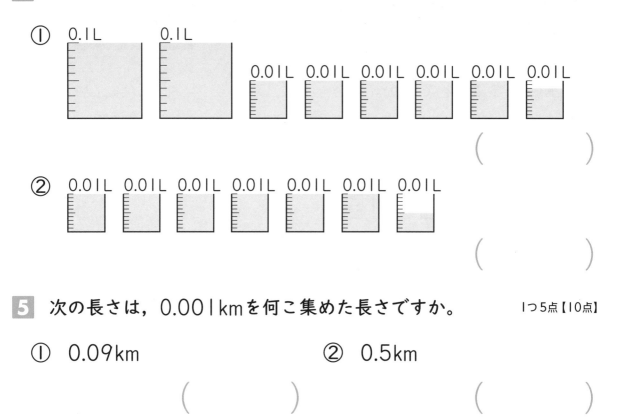

① 0.1L　0.1L　0.01L 0.01L 0.01L 0.01L 0.01L 0.01L

（　　　　　　）

② 0.01L 0.01L 0.01L 0.01L 0.01L 0.01L 0.01L

（　　　　　　）

5 次の長さは，0.001kmを何こ集めた長さですか。 1つ5点【10点】

①　0.09km　　　　　　②　0.5km

（　　　　　　）　　　　　　（　　　　　　）

6 次の長さや重さを，〔　〕の中の単位で表しましょう。 1つ5点【25点】

①　3m9cm〔m〕　　　　　　②　847m〔km〕

（　　　　　　）　　　　　　（　　　　　　）

③　3015g〔kg〕　　　　　　④　58m〔km〕

（　　　　　　）　　　　　　（　　　　　　）

⑤　2kg7g〔kg〕

（　　　　　　）

小数点や0を書きわすれ
ていないかな？

1つの単位で量を表せるんだね！

答え ▶ 90ページ

1 次の数を書きましょう。　　　　　　　　　　1つ5点【10点】

① 1を4こ，0.1を8こ，0.01を3こ，0.001を7こあわせた数
　　　4　　　　0.8　　　　　0.03　　　　　　0.007

（　4.837　）

② 1を9こ，0.01を5こあわせた数

（　　　　　）

2 次の数は0.01を何こ集めた数ですか。　　　　1つ5点【10点】

① 1.48　（　148こ　）

② 0.32　（　　　　　）

1は0.01を	100こ
0.4は0.01を	40こ
0.08は0.01を	8こ
1.48は0.01を	148こ

集めた数です。

	一の位	$\frac{1}{10}$の位	$\frac{1}{100}$の位
	1	4	8
	0	0	1

3 ㋐～㋔の数を表すめもりに↑をかきましょう。　　1つ5点【25点】

㋐ 3.73　　㋑ 3.78　　㋒ 3.749　　㋓ 3.764　　㋔ 3.705

3.7　　　　　　　　　3.75　　　　　　　　3.8

4 □にあてはまる不等号を書きましょう。　　　　1つ5点【10点】

① 2.56 □ 2.508　　　② 16.04 □ 16.201

5 次の数を書きましょう。　　　　　　　　　　　　　　1つ5点【20点】

① 1を5こ，0.1を9こ，0.01を2こ，0.001を8こあわせた数

（　　　　　　　　）

② 0.1を3こ，0.001を6こあわせた数

（　　　　　　　　）

10倍すると位は1けたずつ上がり，$\frac{1}{10}$にすると位は1けたずつ下がるよ。

③ 0.75を10倍した数

（　　　　　　　　）

④ 0.19を$\frac{1}{10}$にした数

（　　　　　　　　）

6 2.45は，どんな数といえますか。□にあう数を書きましょう。

全部できて1つ5点【15点】

2　　　　　　　　　　　　　　　　　　　　　　　　　　3

① 2.45は，2と□をあわせた数。

② 2.45は，2.5より□小さい数。

③ 2.45は，1を2こ，0.1を□こ，0.01を□こあわせた数。

7 次の数を大きい順に書きましょう。　　　　　　　　　【10点】

　0.75　　7.5　　0.705　　0.075　　7.05

（　　　　　　　　　　　　　　　　　　　　　　　　）

小数もいろいろな見方ができたね！

答え ▶ 90ページ

17 がい数の表し方①

1 次の数を，百の位で四捨五入して，千の位までのがい数で表しましょう。

1つ4点【28点】

【四捨五入のしかた】
千の位までのがい数で表すとき，
百の位の数字に注目し，
● 0，1，2，3，4 のときは，切り捨てる。
● 5，6，7，8，9 のときは，切り上げる。

① 6382
└─ 切り捨てる。
(6000)

② 2716
└─ 切り上げる。
(3000)

③ 4625

( )

④ 7053

( )

⑤ 18476

( )

⑥ 50928

( )

⑦ 39561

( )

2 4□95という4けたの数について答えましょう。

1つ5点【10点】

① 百の位で四捨五入したとき，5000になるのは□がどんな数字のときですか。あてはまる数字を全部書きましょう。

( )

② 百の位で四捨五入したとき，4000になるのは□がどんな数字のときですか。あてはまる数字を全部書きましょう。

( )

3 次の数を，⑦，⑦の位<ruby>くらい</ruby>で四捨五入<ruby>ししゃごにゅう</ruby>して，がい数で表しましょう。

1つ5点【50点】

① 21864

⑦千の位　（　　　　　　　　）

⑦百の位　（　　　　　　　　）

② 76095

⑦千の位　（　　　　　　　　）

⑦百の位　（　　　　　　　　）

③ 694826

⑦一万の位　（　　　　　　　）

⑦千の位　（　　　　　　　　）

④ 439704

⑦一万の位　（　　　　　　　）

⑦千の位　（　　　　　　　　）

⑤ 3981726

⑦一万の位　（　　　　　　　）

⑦千の位　（　　　　　　　　）

⑤⑦は十万の位の数字も切り上がるね！

4 34□83という5けたの数について答えましょう。

1つ6点【12点】

① 百の位で四捨五入したとき，34000になるのは，□がどんな数字のときですか。あてはまる数字を全部書きましょう。

（　　　　　　　　　　　）

② 十の位で四捨五入すると，34600になります。□にあてはまる数字はいくつですか。

（　　　　　　　　　　　）

がい数の意味はわかったかな？

答え ▶ 91ページ

がい数の表し方②

1 次の数を四捨五入して，（　）の中の位までのがい数で表しましょう。

1つ4点【24点】

①　5783（百の位）
　　8
　　┗1つ下の十の位で四捨五入する。
　　　　（　　5800　　）

②　4038（百の位）
　　　　　　　　（　　　　　　）

③　7549（千の位）
　　　　（　　　　　　）

④　21803（千の位）
　　　　　　　　（　　　　　　）

⑤　604988（一万の位）
　　　　（　　　　　　）

⑥　1746270（一万の位）
　　　　　　　　（　　　　　　）

2 次の数を四捨五入して，上から2けたのがい数で表しましょう。

1つ4点【20点】

①　85261
　　　　（　　　　　　）

上から3けための数字を
四捨五入するんだね。

②　26986
　　　　（　　　　　　）

③　605418
　　　　　　　　（　　　　　　）

④　1809896
　　　　（　　　　　　）

⑤　5163729
　　　　　　　　（　　　　　　）

3 次の数を四捨五入して，（ ）の中の位までのがい数で表しましょう。

1つ4点【24点】

① 6349 （百の位）

②　3750 （百の位）

(　　　　　　　)

(　　　　　　　)

③ 40618 （千の位）

④　98073 （千の位）

(　　　　　　　)

(　　　　　　　)

⑤　763984 （一万の位）

⑥　2095387 （一万の位）

(　　　　　　　)

(　　　　　　　)

4 次の数を四捨五入して，上から1けたのがい数で表しましょう。

1つ4点【8点】

① 66825

②　209753

(　　　　　　　)

(　　　　　　　)

5 次の数を四捨五入して，上から2けたのがい数で表しましょう。

1つ6点【24点】

① 18294

②　507813

(　　　　　　　)

(　　　　　　　)

③　894762

④　3050492

(　　　　　　　)

(　　　　　　　)

がい数の表し方はわかったね！

答え ▶ 91ページ

19 がい数の表すはんいと がい数の使い方

月　日

10分

得点

点

1 四捨五入して，百の位までのがい数で表したとき，6500になる数について答えましょう。

全部できて1つ10点【20点】

① 6500になる整数のうち，いちばん小さい数はいくつですか。

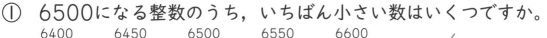

6400　　6450　　6500　　6550　　6600

6400になるはんい　6500になるはんい　6600になるはんい

(　　6450　　)

② 6500になる数のはんいは，いくつ以上いくつ未満ですか。

■以上…■より大きいか，■と等しい。
■未満…■より小さい。

(　　　　　)以上(　　　　　)未満

2 下の表は，ある町の4つの駅で1日の乗車人数を調べたものです。これをぼうグラフに表します。

全部できて1つ15点【30点】

1日の駅の乗車人数

駅 名	乗車人数（人）	がい数（人）
海 駅	7084	7100
山 駅	6409	
川 駅	4728	
谷 駅	3156	

百の位までの
←がい数にする。

① 右のグラフに表すことを考えて，それぞれの乗車人数を四捨五入し，上の表にがい数で書きましょう。

② グラフの□にあてはまる数を入れ，それぞれの駅の乗車人数をぼうグラフに表しましょう。

（人）　1日の駅の乗車人数

0

海　山　川　谷
駅　駅　駅　駅

3 ☐にあてはまる数を書きましょう。　　　　全部できて1つ10点【20点】

① 四捨五入して，十の位までのがい数で表したとき，250になる

整数のはんいは，[　　　　]以上[　　　　]以下です。

② 四捨五入して，百の位までのがい数で表したとき，8700になる

数のはんいは，[　　　　]以上[　　　　]未満です。

4 下の表は，遊園地などの日曜日の入場者数を調べたものです。これ
をぼうグラフに表します。

全部できて1つ15点【30点】

日曜日の入場者数

場　所	入場者数(人)	がい数(人)
東遊園地	83065	
西動物園	56541	
北植物園	48497	
南水族館	29703	

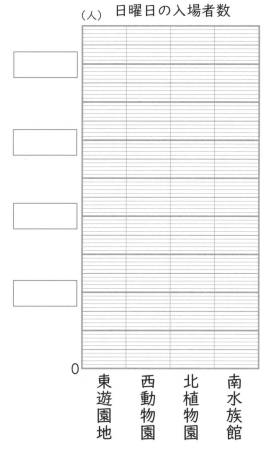

(人)　日曜日の入場者数

東遊園地　西動物園　北植物園　南水族館

① 右のグラフに表すことを考えて，
それぞれの入場者数を四捨五入し，
上の表にがい数で書きましょう。

② グラフの☐にあてはまる数を
入れ，それぞれの入場者数をぼう
グラフに表しましょう。

半分までできたよ！残りもがんばろう！

答え ▶ 91ページ

垂直

1 下の図で，2本の直線が垂直なのはどれですか。三角じょうぎを使って調べ，全部答えましょう。 【10点】

ア 　イ 　ウ 　エ

2本の直線が交わってできる角が直角
のとき，その2本の直線は垂直である。

（　　ア,　　　）

2 下の図で，2本の直線が垂直なのはどれですか。三角じょうぎを使って調べ，全部答えましょう。 【10点】

ア 　イ 　ウ 　エ

ウは直線をのばして
調べよう！

（　　　　　）

3 点Ａを通り，アの直線に垂直な直線をひきましょう。 1つ10点【20点】

①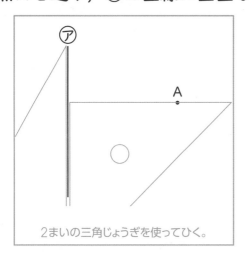

2まいの三角じょうぎを使ってひく。

②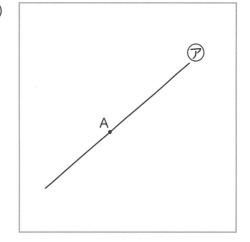

4 右の長方形を見て，次の問題に答えましょう。　1つ10点【20点】

① 辺ＡＢと垂直な辺はどれですか。全部答えましょう。

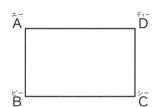

（　　　　　　　　）

② 辺ＢＣと垂直な辺はどれですか。全部答えましょう。

（　　　　　　　　）

5 下の図で，㋐の直線に垂直な直線はどれですか。三角じょうぎを使って調べ，全部答えましょう。　【20点】

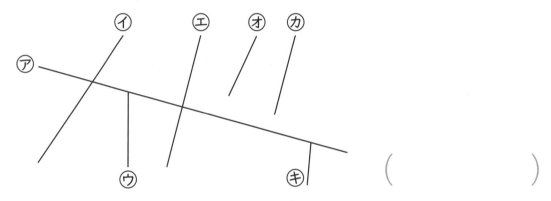

（　　　　　　　　）

6 点Ａを通り，㋐の直線に垂直な直線をひきましょう。　1つ10点【20点】

①

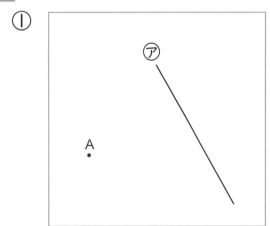

②

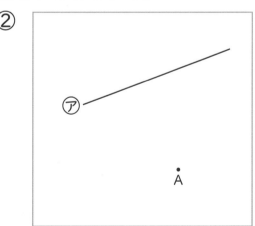

垂直な直線はあかったかな？

答え ▶ 92ページ

21 平行

1 下の図で, 2本の直線が平行なのはどれですか。三角じょうぎを使って調べ, 全部答えましょう。 【10点】

 ㋐

 ㋑

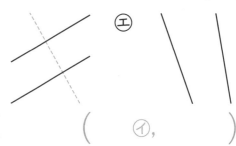 ㋒　㋓

1本の直線に垂直な2本の直線は平行である。　(㋑,)

2 右の図で, ㋐と㋑の直線は平行です。次の問題に答えましょう。 1つ5点【15点】

① 直線オカの長さは何cmですか。
( )

② あ, いの角度は何度ですか。

あ ( )

い ( )

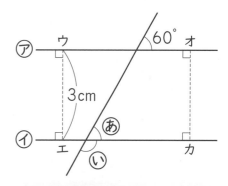

【平行な直線】
● 平行な直線のはばは, どこも等しい。
● 平行な直線は, ほかの直線と等しい角度で交わる。

3 点Aを通り, ㋐の直線に平行な直線をひきましょう。 1つ10点【20点】

①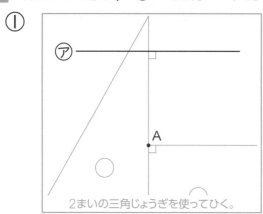

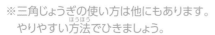
2まいの三角じょうぎを使ってひく。

②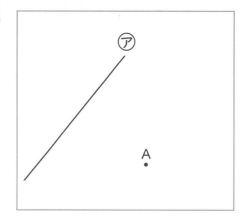

※三角じょうぎの使い方は他にもあります。
やりやすい方法でひきましょう。

45

4 右の正方形を見て，次の問題に答えましょう。　1つ10点【20点】

① 平行な辺の組は，何組ありますか。

（　　　　　　　　　　　）

② ①で答えた辺の組はどれですか。全部答えましょう。

（　　　　　　　　　　　　　　　　　　）

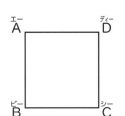

5 下の図で，平行な直線はどれとどれですか。三角じょうぎを使って調べ，全部答えましょう。　　【15点】

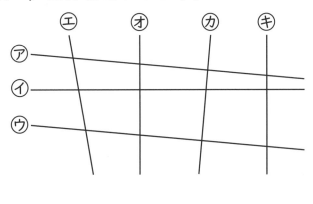

平行な直線の特ちょうを使おう！

（　　　　　　　　　　　　　　　　　　）

6 右の図で，㋐，㋑，㋒の直線は平行です。次の問題に答えましょう。
1つ10点【20点】

① ㋐の角度と等しい角度の角はどれですか。全部答えましょう。

（　　　　　　　　　　　）

② ㋑の角度が50°のとき，㋒の角度は何度ですか。

（　　　　　　　　　　　）

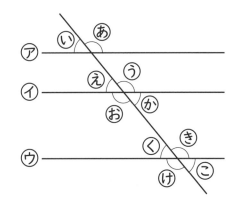

平行な直線は交わらないんだね。

答え ▶ 92ページ

22 台形と平行四辺形

月　日　**10**分

得点

点

1 下の図で，台形はどれですか。三角じょうぎを使って調べ，全部答えましょう。　【10点】

㋐ 　　㋑ 　　㋒ 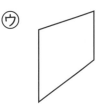　　㋓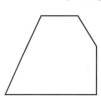

向かい合った1組の辺が平行な四角形を
台形という。

（　　㋐,　　　）

2 下の図で，平行四辺形はどれですか。三角じょうぎを使って調べ，全部答えましょう。　【10点】

㋐ 　　㋑ 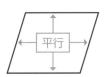　　㋒ 　　㋓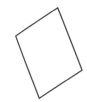

向かい合った2組の辺が平行
な四角形を平行四辺形という。

（　　㋑,　　　）

3 右の平行四辺形を見て，次の問題に答えましょう。　1つ5点【20点】

① 辺BC，辺CDの長さは何cmですか。

辺BC　　　　　　　　辺CD

（　　　　　　　）（　　　　　　　）

② ㋐，㋑の角度は何度ですか。

㋐　　　　　　　　　㋑

（　　　　　　　）（　　　　　　　）

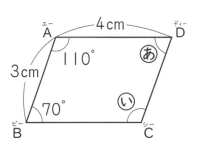

【平行四辺形の特ちょう】
●向かい合った辺の長さは
　等しい。
●向かい合った角の大きさ
　は等しい。

47

4 右の平行四辺形を見て，次の問題に答えましょう。　　1つ4点【20点】

① 辺ＡＢと平行な辺はどれですか。

（　　　　　　　　　　）

② 辺ＡＤと長さが等しい辺はどれですか。

（　　　　　　　　　　）

③ えの角度と等しい角度の角はどれですか。

（　　　　　　　　　　）

④ あの角度が115°，いの角度が65°のとき，
う，えの角度はそれぞれ何度ですか。

う（　　　　　　　　　　）　え（　　　　　　　　　　）

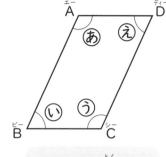

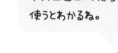
平行四辺形の特ちょうを
使うとわかるね。

5 下の図のような平行四辺形をかきましょう。　　1つ20点【40点】

①

②

平行四辺形の特ちょうをおぼえよう！

答え ▶ 92ページ

23 ひし形

月　日　10分

得点　　　　　　点

1 下の図で，ひし形はどれですか。じょうぎを使って調べ，全部答えましょう。 【10点】

㋐ 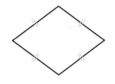　㋑ 　㋒ 　㋓

辺の長さがみんな等しい四角形をひし形という。　（　㋐，　　　）

2 右のひし形を見て，次の問題に答えましょう。 1つ5点【20点】

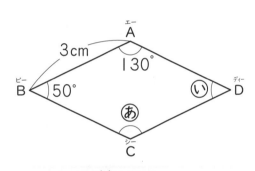

① 辺ＡＤの長さは何cmですか。

（　　　　　　　　）

② 辺ＡＢと平行な辺はどれですか。

（　　　　　　　　）

③ あ，いの角度は何度ですか。

あ（　　　　　　　）　い（　　　　　　　）

【ひし形の特ちょう】
● 向かい合った辺は平行。
● 向かい合った角の大きさは等しい。

3 下の図のようなひし形をかきましょう。 【15点】

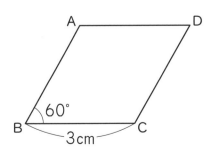

49

4 右の図のように，点A，Bを中心として，半径が等しい2つの円をかき，交わったところの点をC，Dとします。点A，D，B，Cをつないでできる四角形について，次の問題に答えましょう。

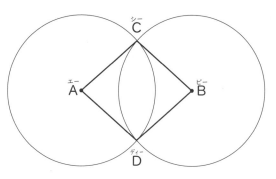

1つ10点【40点】

① 辺ACと長さが等しい辺はどれですか。全部答えましょう。

（　　　　　　　　　　　　　　）

② できる四角形は何という四角形ですか。

（　　　　　　　　　　　　　　）

③ 円Aの半径が5cmのとき，この四角形のまわりの長さは何cmですか。

（　　　　　　　　）

辺の長さは円の半径のいくつ分かな？

④ 辺ADと平行な辺はどれですか。

（　　　　　　　　）

5 下の図のようなひし形をかきましょう。

【15点】

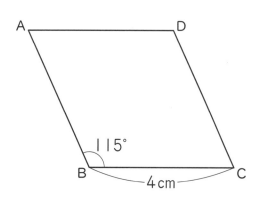

平行四辺形と特ちょうがにているね。

答え ▶ 92ページ

対角線

月　　日　10分

得点　　　　　　　点

1 下の四角形に，それぞれ対角線をかきましょう。　　1つ5点【25点】

　⑦　台形　　　　　　⑦　平行四辺形　　　　⑦　ひし形

向かい合った頂点
をつないだ直線を，
対角線という。

　⑦　長方形　　　　　⑦　正方形

2 **1**の図を見て，次の問題に答えましょう。②～⑤は，⑦～⑦の記号で答えましょう。　　1つ5点【25点】

　①　四角形には対角線が何本ありますか。

　　　　　　　　　　　　　　　　　　　　（　　　　　　　　）

　②　対角線が垂直に交わる四角形はどれですか。全部答えましょう。

　　　　　　　　　　　　　　　　　　　　（　　　　　　　　）

　③　対角線の長さが等しい四角形はどれですか。全部答えましょう。

　　　　　　　　　　　　　　　　　　　　（　　　　　　　　）

　④　対角線の長さが等しく，垂直に交わる四角形はどれですか。全部
　　答えましょう。

　　　　　　　　　　　　　　　　　　　　（　　　　　　　　）

　⑤　対角線が交わった点から4つの頂点までの長さがみんな等しい四
　　角形はどれですか。全部答えましょう。

　　　　　　　　　　　　　　　　　　　　（　　　　　　　　）

3 下の図のように，四角形を1本の対角線で2つの三角形に分けます。この図を見て，次の問題に答えましょう。

1つ10点【30点】

⑦ 正方形　⑦ 長方形　⑦ 台形　⑦ 平行四辺形　⑦ ひし形

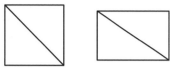 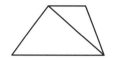 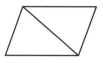 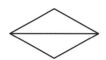

① 長方形の場合にできる2つの三角形は，何という三角形ですか。

（　　　　　　　　　　）

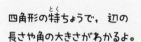

② ひし形の場合にできる2つの三角形は，何という三角形ですか。

（　　　　　　　　　　）

③ 形も大きさも同じ2つの三角形ができる四角形はどれですか。⑦～⑦から全部答えましょう。

（　　　　　　　　　　）

4 次の四角形をかきましょう。

1つ10点【20点】

① 対角線の長さが6cmと3cmのひし形

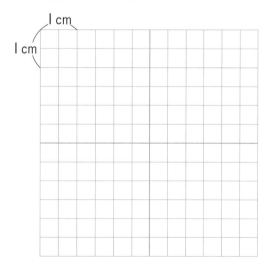

② 対角線の長さが4cmと4cmの正方形

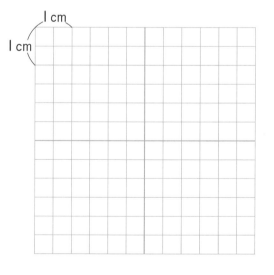

アプリに，得点を登ろくしよう！

答え ▶ 92ページ

［一筆がきでかける？］

1 下の絵のような，円を組み合わせた道があります。⑦から歩き出して，一筆がきのように同じ道を2回通らずに，全部の道を通って，また⑦にもどってくることができるかな？

★線からえん筆をはなさずに，同じ線を1回しか通らないで形をかくことを，「一筆がき」といいます。

53

❷ **❶**の形は，一筆がき<ruby>一筆<rt>ひとふで</rt></ruby>がきでかけますね。それでは，次の㋐～㋕の中で，一筆がきができるものはどれかな？　できるものの記号を下に書きましょう。

★一筆がきができるものは，4つあります。

<small>答え</small>	一筆がきができるものは，

答え ▶ 93ページ

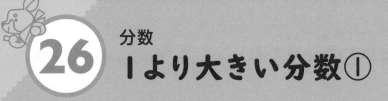

1 次の分数を，真分数，仮分数，帯分数に分けましょう。　1つ4点【12点】

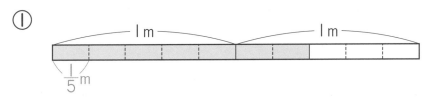

真分数…分子が分母より小さい分数

仮分数…分子と分母が同じか，分子が分母より
　　　　大きい分数

帯分数…整数と真分数の和で表されている分数

真分数　（　　ア，　　　　　　）

仮分数　（　　イ，　　　　　　）

帯分数　（　　ウ，　　　　　　）

2 次の長さやかさを，仮分数と帯分数で表しましょう。　1つ5点【40点】

①

　　　　　仮分数　（　$\frac{7}{5}$m　）　帯分数　（　$1\frac{2}{5}$m　）

②
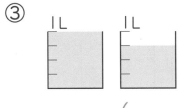

　　　　　仮分数　（　　　　　）　帯分数　（　　　　　）

③

仮分数　（　　　　　）

帯分数　（　　　　　）

④

仮分数　（　　　　　）

帯分数　（　　　　　）

3 次の長さやかさを，仮分数と帯分数で表しましょう。 1つ5点【20点】

①
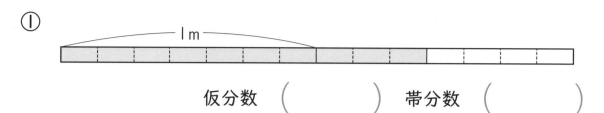

仮分数 （　　　　　　） 帯分数 （　　　　　　）

②
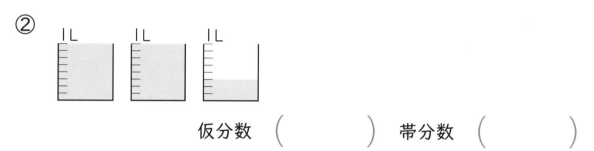

仮分数 （　　　　　　） 帯分数 （　　　　　　）

4 次の長さやかさの分だけ色をぬりましょう。 1つ7点【28点】

① $\dfrac{7}{4}$ m
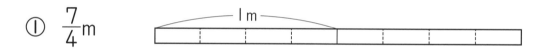

② $1\dfrac{5}{6}$ m

③ $\dfrac{9}{5}$ L
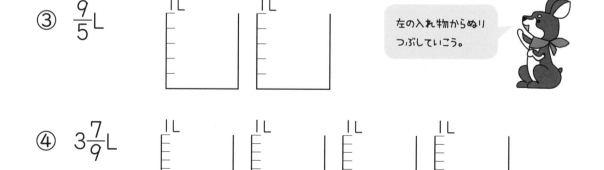

左の入れ物からぬりつぶしていこう。

④ $3\dfrac{7}{9}$ L

1より大きい分数はあったかな？

答え ▶ 93ページ

1より大きい分数②

1 下の数直線で，ア，イのめもりが表す数を，仮分数と帯分数で答えましょう。

1つ5点【20点】

1めもりは1を5等分した1つ分を表すね。

ア　仮分数（　　　　　　）　　帯分数（　　　　　　）

イ　仮分数（　　　　　　）　　帯分数（　　　　　　）

2 下の数直線を見て，□にあてはまる数を書きましょう。　1つ4点【20点】

① $\frac{1}{4}$ を7こ集めた数を仮分数で表すと □ ，帯分数で表すと □ です。

② $2\frac{3}{4}$ は，2と □ をあわせた数です。

③ $\frac{6}{4}$ は，$\frac{1}{4}$ を □ こ集めた数です。また，$3\frac{1}{4}$ は，$\frac{1}{4}$ を □ こ集めた数です。

3 下の数直線で，ア，イのめもりが表す数を，仮分数と帯分数で答えましょう。また，$\frac{13}{7}$，$2\frac{5}{7}$を表すめもりに↑をかきましょう。

1つ5点【30点】

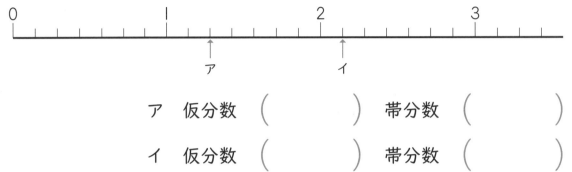

ア　仮分数 （　　　　　）　帯分数 （　　　　　）

イ　仮分数 （　　　　　）　帯分数 （　　　　　）

4 下の数直線を見て，□にあてはまる数を書きましょう。　1つ5点【30点】

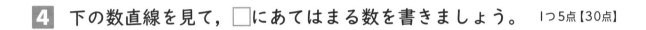

① $\frac{1}{9}$を13こ集めた数を仮分数で表すと □ ，帯分数で表すと □ です。

② 1と$\frac{7}{9}$をあわせた数を，帯分数で表すと □ ，仮分数で表すと □ です。

③ $1\frac{2}{9}$は，$\frac{1}{9}$を □ こ集めた数です。また，$2\frac{5}{9}$は，$\frac{1}{9}$を □ こ集めた数です。

1めもりの大きさを必ずたしかめよう！

答え ▶ 93ページ

仮分数と帯分数

1 次の仮分数を，帯分数か整数になおしましょう。

1つ4点【24点】

① $\dfrac{5}{3}$

$\dfrac{5}{3}=1\dfrac{2}{3}$

$5\div3=1$ あまり 2

$\left(\quad 1\dfrac{2}{3}\quad\right)$

② $\dfrac{12}{4}$

$\dfrac{12}{4}=3$

$12\div4=3$

分子が分母でわりきれるときは，整数になおせる。

$(\quad 3\quad)$

③ $\dfrac{8}{5}$　　$(\qquad)$

④ $\dfrac{8}{2}$　　$(\qquad)$

⑤ $\dfrac{9}{4}$　　$(\qquad)$

⑥ $\dfrac{14}{7}$　　$(\qquad)$

2 次の帯分数を，仮分数になおしましょう。

1つ4点【20点】

① $1\dfrac{2}{5}$

$1\dfrac{2}{5}=\dfrac{7}{5}$

$5\times1+2=7$

$\left(\quad \dfrac{7}{5}\quad\right)$

整数部分の1は$\dfrac{1}{5}$の（5×1）こ分と考えているね。

② $1\dfrac{1}{6}$　　$(\qquad)$

③ $2\dfrac{3}{4}$　　$(\qquad)$

④ $3\dfrac{4}{7}$　　$(\qquad)$

⑤ $4\dfrac{3}{5}$　　$(\qquad)$

3 次の仮分数を，帯分数か整数になおしましょう。　1つ4点【24点】

① $\dfrac{6}{5}$

（　　　）

② $\dfrac{13}{4}$

（　　　）

③ $\dfrac{9}{3}$

（　　　）

④ $\dfrac{19}{8}$

（　　　）

⑤ $\dfrac{30}{6}$

（　　　）

⑥ $\dfrac{27}{7}$

（　　　）

4 次の帯分数を，仮分数になおしましょう。　①〜④1つ5点，⑤，⑥1つ6点【32点】

① $1\dfrac{1}{3}$

（　　　）

② $2\dfrac{1}{4}$

（　　　）

③ $3\dfrac{3}{8}$

（　　　）

④ $2\dfrac{5}{9}$

（　　　）

⑤ $6\dfrac{4}{5}$

（　　　）

⑥ $3\dfrac{7}{10}$

（　　　）

仮分数と帯分数の関係はバッチリだ！

答え ▶ 93ページ

29 分数の大小と 大きさの等しい分数

1 次の数の大小を，不等号を使って表しましょう。　　　　1つ8点【24点】

① $\left(\dfrac{7}{3},\ 2\dfrac{2}{3}\right)$

【仮分数を帯分数になおす】 整数部分の大きさは同じ。

$\dfrac{7}{3}=2\dfrac{1}{3}$　➡　$2\dfrac{1}{3}$ と $2\dfrac{2}{3}$

分数部分の大きさをくらべる。

$\left(\quad \dfrac{7}{3} < 2\dfrac{2}{3} \quad\right)$

② $\left(\dfrac{8}{5},\ 1\dfrac{2}{5}\right)$　　　　　③ $\left(\dfrac{9}{2},\ 5\right)$

$(\qquad\qquad)$　　　$(\qquad\qquad)$

2 右の数直線を見て，次の問題に答えましょう。　　　1つ8点【24点】

① $\dfrac{1}{4}$ と大きさの等しい分数を答えましょう。

$\left(\quad \dfrac{2}{8} \quad\right)$

② $\dfrac{2}{3}$ と大きさの等しい分数を全部答えましょう。

$(\qquad\qquad)$

③ $\dfrac{1}{3}$ と $\dfrac{1}{4}$ で，大きいほうを答えましょう。

$(\qquad\qquad)$

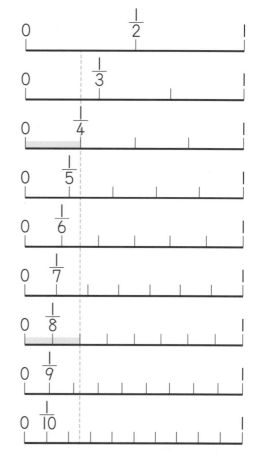

3 次の数の大小を，不等号を使って表しましょう。　1つ8点【24点】

① $\left(\dfrac{11}{4} ,\ 3 \right)$

② $\left(\dfrac{14}{6} ,\ 2\dfrac{1}{6} \right)$

（　　　　　　　）　　　　　　（　　　　　　　）

③ $\left(4\dfrac{2}{3} ,\ \dfrac{13}{3} \right)$

（　　　　　　　）

帯分数になおしてくらべよう！

4 右の数直線を見て，次の問題に答えましょう。　①②1つ8点，③1つ6点【28点】

① $\dfrac{1}{3}$ と大きさの等しい分数を全部答えましょう。

（　　　　　　　）

② $\dfrac{4}{8}$ と大きさの等しい分数を全部答えましょう。

（　　　　　　　）

③ □にあてはまる不等号を書きましょう。

㋐ $\dfrac{2}{10}$ □ $\dfrac{2}{9}$　㋑ $\dfrac{3}{7}$ □ $\dfrac{3}{8}$

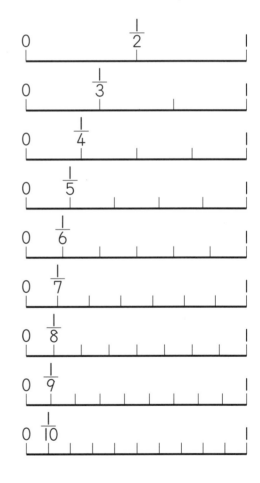

次は面積にチャレンジだ！

答え ▶ 94ページ

30 面積
長方形と正方形の面積

月　日　**10**分
得点

点

1 色をぬった部分の面積を求めましょう。　　　　1つ4点【12点】

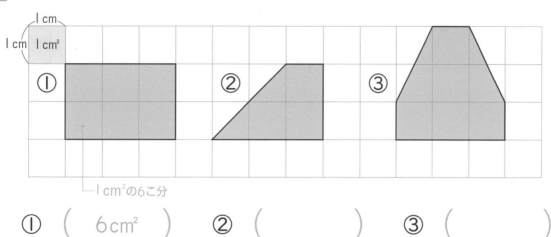

① （　6cm²　）　② （　　　　　）　③ （　　　　　）

2 次の長方形や正方形の面積を求めましょう。　　式3点, 答え3点【24点】

①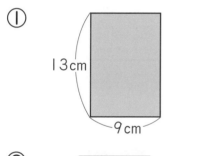

（式）　たて 13 × 横 9 = 面積 117

長方形の面積＝たて×横
　　　　　＝横×たて

（　117cm²　）

②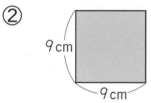

（式）　1辺 9 × 1辺 □ = 面積 □

正方形の面積＝1辺×1辺

（　　　　　）

③　たてが8cm，横が13cmの長方形
（式）

（　　　　　）

④　1辺が10cmの正方形
（式）

（　　　　　）

63

3 色をぬった部分の面積を求めましょう。

1つ7点【14点】

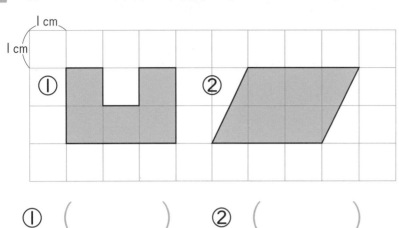

1cm²の何こ分か
考えるんだね。

① （　　　　　）　② （　　　　　）

4 次の長方形や正方形の面積を求めましょう。

式5点，答え5点【50点】

① 9cm 12cm

（式）

（　　　　　）

② 11cm 正方形

（式）

（　　　　　）

③ 18cm 12cm

（式）

（　　　　　）

④ たてが8cm，横が38cmの長方形
（式）

（　　　　　）

⑤ 1辺が14cmの正方形
（式）

（　　　　　）

面積は1cm²という大きさをもとに表しているね。

答え ▶ 94ページ

長方形の面積

1 次の長方形の面積を求めましょう。

式4点，答え4点【32点】

①

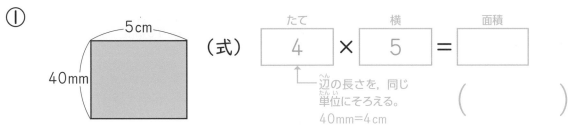

（式）

たて		横		面積
4	×	5	=	

↑
辺の長さを，同じ
単位にそろえる。
40mm＝4cm

（　　　　）

②

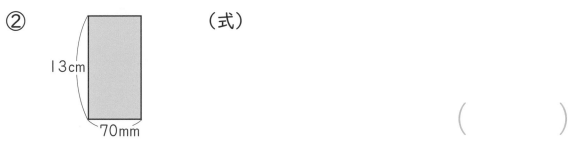

（式）

（　　　　）

③ たてが60mm，横が12cmの長方形
（式）

（　　　　）

④ たてが16cm，横が30mmの長方形
（式）

（　　　　）

2 面積が40cm²で，横の長さが8cmの長方形があります。

1つ5点【10点】

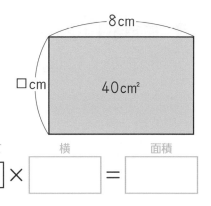

① たての長さを□cmとして，面積の公式にあてはめて式をつくります。□にあてはまる数を書きましょう。

たて		横		面積
□	×		=	

② この長方形のたての長さは何cmですか。

（　　　　）

3 次の長方形の**面積**を**求**めましょう。　　　　　　　　式4点，答え4点【32点】

①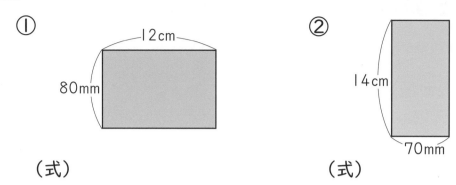

（式）

（　　　　　　）

②

（式）

（　　　　　　）

③　たてが21cm，横が40mmの長方形
　（式）

（　　　　　　）

④　たてが9cm，横が1mの長方形
　（式）

（　　　　　　）

4　面積が54cm²で，横の長さが9cmの長方形をかくには，たての長さを何cmにすればよいですか。
　（式）　　　　　　　式6点，答え6点【12点】

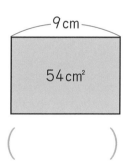

（　　　　　　）

5　面積が112cm²で，たての長さが8cmの長方形をかくには，横の長さを何cmにすればよいですか。　　　式7点，答え7点【14点】
　（式）

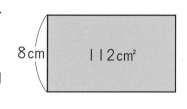

（　　　　　　）

辺の長さの単位をそろえよう！

答え ▶ 94ページ

くふうして面積を求める

月　日　10分

得点　　　　　　　点

1 右のような形の面積(めんせき)を求(もと)めます。

式5点，答え5点【30点】

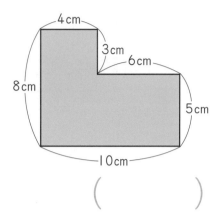

① 下の図のように，--------で2つの長方形
に分けて求めましょう。

㋐ （式）

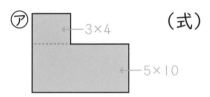

（　　　　）

㋑ （式）

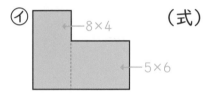

（　　　　）

② 下の図のように，大きい長方形の面積から，□のへこんだ長方
形の面積をひいて求めましょう。

（式）

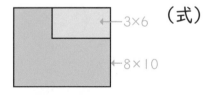

（　　　　）

2 下のような形の面積を求めましょう。

式7点，答え7点【14点】

（式）

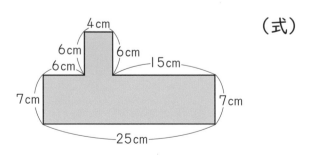

（　　　　）

3 下のような形の**面積**を求めましょう。

① 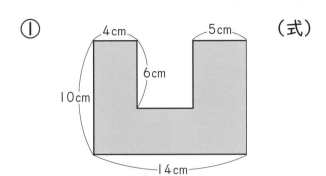 （式）

（　　　　　）

② （式）

長方形全体の面積から正方形の面積をひくといいね。

（　　　　　）

③ 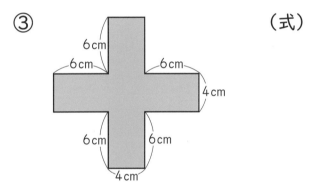 （式）

（　　　　　）

④ 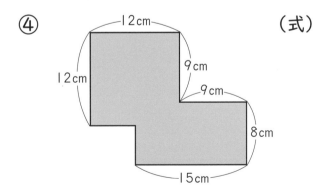 （式）

（　　　　　）

 いろいろな求め方があるんだね。

答え ▶ 94ページ

1 次の長方形や正方形の面積（めんせき）を求（もと）めましょう。　　式4点，答え4点【16点】

①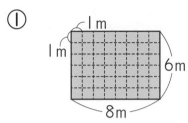

（式）　たて 6 × 横 8 = 面積 48

1辺（ぺん）が1mの正方形の面積は
1m²です。

（　48m²　）

②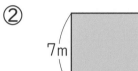

（式）　1辺 □ × 1辺 □ = 面積 □

（　　　）

2 次の問題に答えましょう。　　式4点，答え4点【24点】

① たてが30m，横が50mの長方形の形をした畑の面積は何aですか。

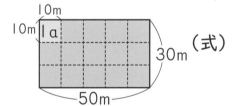

（式）　3 × 5 = 15

1a=100m²　（　15a　）

② 1辺が600mの正方形の形をした公園の面積は何haですか。

（式）　□ × □ = □

1ha=10000m²

1辺が100mの正方形（1ha）がいくつならぶかを考える。

（　　　）

③ たてが4km，横が8kmの長方形の形をした町の面積は何km²ですか。

（式）　□ × □ = □

1辺が1kmの正方形（1km²）がいくつならぶかを考える。

（　　　）

3 次のような長方形や正方形の形をした土地の面積を，〔　〕の中の単位で求めましょう。

式5点，答え5点【40点】

① 〔m²〕

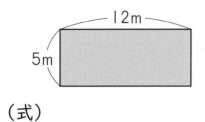

（式）

（　　　　　）

② 〔a〕

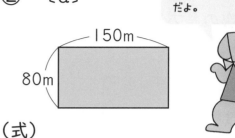

1a=100m²
だよ。

（式）

（　　　　　）

③ 〔ha〕

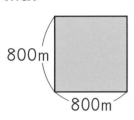

（式）

（　　　　　）

④ 〔km²〕

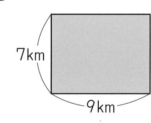

（式）

（　　　　　）

4 ☐ にあてはまる数を書きましょう。

1つ5点【20点】

① 1m² = ☐ cm²

② 5km² = ☐ m²

③ 300000m² = ☐ ha

④ 700ha = ☐ a

大きな面積の単位は完ぺキだね！

答え ▶ 95ページ

34 面積
面積の単位

月　　日

得点

点

1 面積の単位の関係を調べます。あ～おにあてはまる数や単位を書きましょう。

1つ5点【25点】

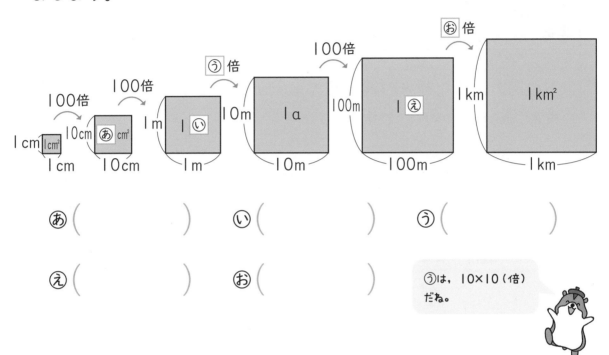

あ（　　　　　）　　い（　　　　　）　　う（　　　　　）

え（　　　　　）　　お（　　　　　）

うは、10×10（倍）だね。

2 右の図のような正方形かと正方形きがあります。□にあてはまる数を書きましょう。

1つ5点【15点】

① 正方形かの面積は、□ cm²です。

② 正方形きの面積は、□ cm²です。

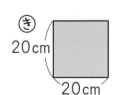

③ 正方形きの面積は、正方形かの面積の

□ 倍になっています。

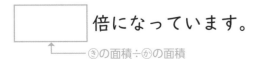

正方形や長方形の面積で、2つの辺の長さがそれぞれ10倍になると、その面積は、10×10＝100（倍）。

71

3 正方形の|辺の長さとその面積の関係を，下の表に整理します。
□にあてはまる数を書きましょう。

1つ5点【25点】

正方形の |辺の長さ	1cm	1m （100cm）	10m	100m	1km （1000m）
正方形の 面積	□cm²	□m²	□a （100m²）	□ha （10000m²）	□km²

4 下の図のような長方形あと長方形いがあります。長方形いの面積は
長方形あの面積の何倍ですか。

【20点】

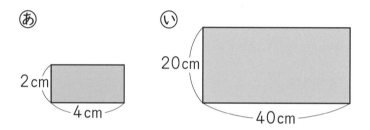

あ
2cm
4cm

い
20cm
40cm

(　　　　　　　)

5 □にあてはまる数を書きましょう。

1つ5点【15点】

① 1km²は □ haです。

② 1km²は1m²の □ 倍です。

1km=1000mだから，
1km²は1000×1000（m²）
だね。

③ 正方形の|辺の長さが10倍になると，面積は □ 倍になり
ます。

辺の長さと面積の関係をしっかり覚えよう！

答え ▶ 95ページ

35

直方体と立方体
面，辺，頂点

1 次の形の名まえを書きましょう。　　　　　1つ4点【12点】

①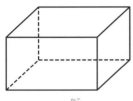
長方形だけで囲まれた形
（　　直方体　　）

②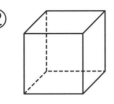
正方形だけで囲まれた形
（　　　　　）

③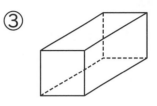
長方形と正方形で囲まれた形
（　　　　　）

2 下の図の □ にあてはまることばを書きましょう。　　　1つ4点【12点】

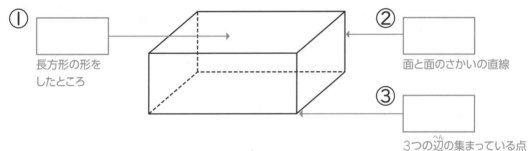

① 長方形の形を
したところ

② 面と面のさかいの直線

③ 3つの辺の集まっている点

3 右の直方体について，次の問題に答えましょう。
1つ5点【25点】

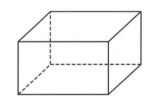

① 面の数，辺の数，頂点の数はそれぞれいくつですか。

面（　　　　　）辺（　　　　　）頂点（　　　　　）

② 形も大きさも同じ面は，何組ありますか。

（　　　　　）

③ 長さの等しい辺は，何組ありますか。

（　　　　　）

4 立方体の面の数，辺の数，頂点の数はそれぞれいくつか答えましょう。

1つ5点【15点】

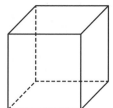

直方体の面，辺，頂点の数と同じだね。

面（　　　　　）　辺（　　　　　）　頂点（　　　　　）

5 □にあてはまることばを書きましょう。

1つ4点【16点】

①　直方体と立方体をなかま分けするときは，□□□□の形で分けます。

②　直方体と立方体のまわりの面のように，平らな面を□□□□といいます。

③　立方体は，同じ□□□の6つの□□□□の形の面で囲まれています。

6 右の直方体について，次の□にあてはまる数を書きましょう。

1つ5点【20点】

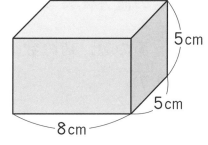

5cm
5cm
8cm

①　長方形の面は□つ，正方形の面は□つあります。

②　長さが5cmの辺は□つ，長さが8cmの辺は□つあります。

直方体，立方体の特ちょうはわかったね。

答え ▶ 95ページ

36

直方体と立方体

見取図と展開図

1 下の図のような直方体の見取図を，とちゅうまでかきました。続きをかいて完成させましょう。 【20点】

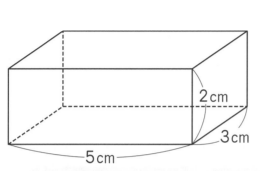

2cm
3cm
5cm

全体の形がわかるようにかいた図を，見取図という。

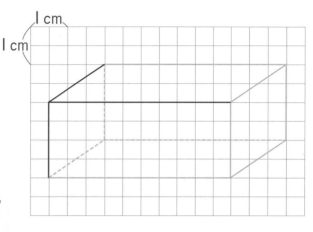

1cm
1cm

2 **1**の直方体の展開図を，とちゅうまでかきました。続きをかいて完成させましょう。 【30点】

辺にそって切り開いて，平面の上に広げた図を，展開図という。

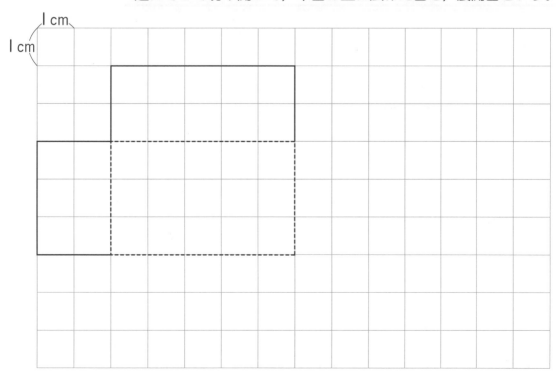

1cm
1cm

3 下の図のような立方体の見取図を，とちゅうまでかきました。続きをかいて完成させましょう。 【20点】

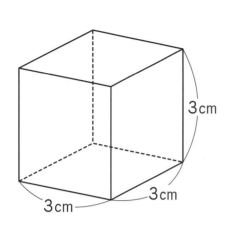

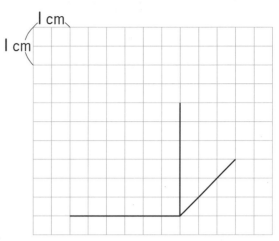

4 次の展開図を組み立てたとき，立方体ができるものには○を，できないものには×を書きましょう。 1つ5点【30点】

① 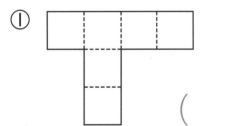 （　　　）

② 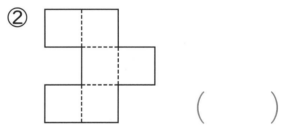 （　　　）

③ 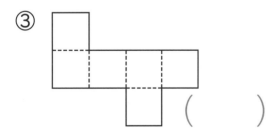 （　　　）

④ 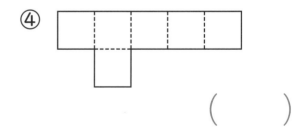 （　　　）

⑤ 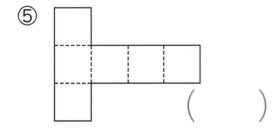 （　　　）

⑥ 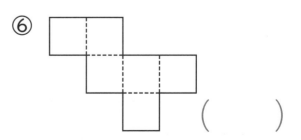 （　　　）

立方体の展開図は全部で11種類だよ。

答え ▶ 95ページ

37 直方体と立方体 面や辺の垂直・平行

1 右の直方体を見て，次の問題に答えましょう。

1つ8点【24点】

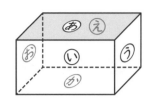

① 面あに垂直な面はどれですか。全部答えましょう。

（ 面い,　　　　　　　　　　　 ）

② 面あに平行な面はどれですか。

（　　　　　　　 ）

③ 直方体には，平行な面の組は何組ありますか。

（　　　　　　　 ）

【面と面の，垂直や平行】

● となり合った面さと面しは，垂直であるという。

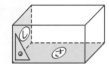

● 向かい合った面さと面すは，平行であるという。

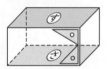

2 右の直方体を見て，次の問題に答えましょう。

1つ8点【32点】

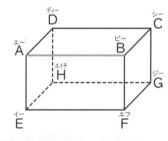

① 頂点Aを通って，辺ABに垂直な辺はどれですか。全部答えましょう。

（ 辺AD,　　　　　　　　　　 ）

② 辺AEに垂直な辺はどれですか。全部答えましょう。

辺AEと垂直な辺は4つある。

（　　　　　　　　　　　　 ）

【辺と辺の，垂直や平行】

● 辺DCと辺ADは垂直に交わっている。

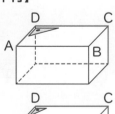

③ 辺AEに平行な辺はどれですか。全部答えましょう。

辺AEと平行な辺は3つある。

（　　　　　　　　　　　 ）

● 辺ABと辺DCは平行である。

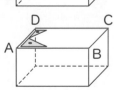

④ 直方体には，平行な辺がそれぞれいくつずつ何組ありますか。

（　　　 ）つずつ（　　　 ）組

3 右の直方体を見て，次の問題に答えましょう。

①②8点，③1つ5点【26点】

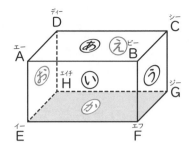

① 面⑰に垂直な辺はどれですか。全部答えましょう。

（　　　　　　　　　）

② 面⑰に平行な辺はどれですか。全部答えましょう。

（　　　　　　　　　）

③ □にあてはまる数を書きましょう。

直方体では，1つの面に垂直な辺は □ つずつあり，1つの面に平行な辺は □ つずつあります。

【面と辺の，垂直や平行】

●辺BFと面さは，垂直であるという。

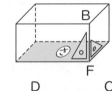

●辺ABと面さは，平行であるという。

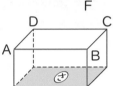

4 右の立方体の展開図を組み立てます。次の問題に答えましょう。

1つ6点【18点】

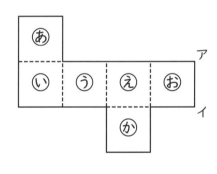

① 面⑤と垂直な面はどれですか。全部答えましょう。

（　　　　　　　　　　　　）

② 面⑥と平行な面はどれですか。

（　　　　）

③ 辺アイに垂直な面はどれですか。全部答えましょう。

（　　　　　　　　　　　　）

自分で箱を使ってかくにんしてみよう！

答え ▶ 95ページ

38 直方体と立方体
位置の表し方

1 右の図を見て，次の問題に答えましょう。　1つ4点【16点】

① 点Aをもとにすると，点Bの位置は

（横 2 cm，たて 3 cm ）

→2つの長さの組で表す。

と表すことができます。

② 点Bと同じようにして，点Cの位置を表しましょう。

（横 ☐ cm，たて ☐ cm ）

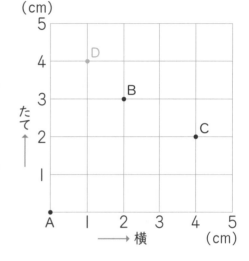

③ 次の点を，図の中にかきましょう。
　　点D（横1cm，たて4cm）　　　点E（横3cm，たて5cm）

2 右の図を見て，次の問題に答えましょう。　1つ8点【24点】

① 点Aをもとにすると，点Bの位置は，

（横 4 cm，たて 1 cm，高さ 3 cm ）

→3つの長さの組で表す。

と表すことができます。

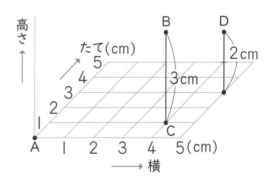

② 点Bと同じようにして，点C，Dの位置を表しましょう。

点Cの位置は，（ 横 ☐ cm， たて ☐ cm， 高さ ☐ cm ）

点Dの位置は，（ 横 ☐ cm， たて ☐ cm， 高さ ☐ cm ）

3 右の図を見て，次の問題に答えましょう。

1つ6点【36点】

① 点Aをもとにして，次の点の位置を，2つの長さの組で表しましょう。

点B （　　　　　　　）

点C （　　　　　　　）

点D （　　　　　　　）

② 次の点を，図の中にかきましょう。
　　点E（横5cm，たて2cm）　　　点F（横6cm，たて6cm）
　　点G（横0cm，たて8cm）

4 右の直方体で，頂点Eをもとにして，次の頂点の位置を，3つの長さの組で表しましょう。

1つ8点【24点】

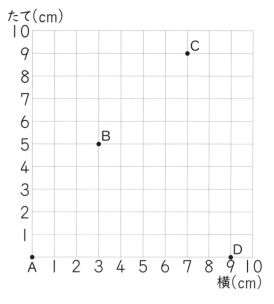

① 頂点Cの位置

　　（　　　　　　　　　　　　）

② 頂点Dの位置

　　　　　　　（　　　　　　　　　　　）

③ 頂点Gの位置

　　　　　　　（　　　　　　　　　　　）

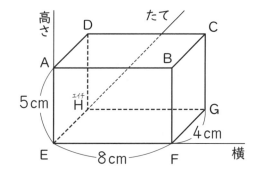

よくがんばったね！次はパズルだよ！

答え ▶ 96ページ

① 王様が，3人の王子様に土地を分けようとしているよ。王様は「長さ1000mのひもをあげよう。これを使って囲んだ土地をそれぞれにあたえるぞ」と言い，王子様たちは下のように囲みました。いちばん広い土地をもらえるのはだれでしょう？

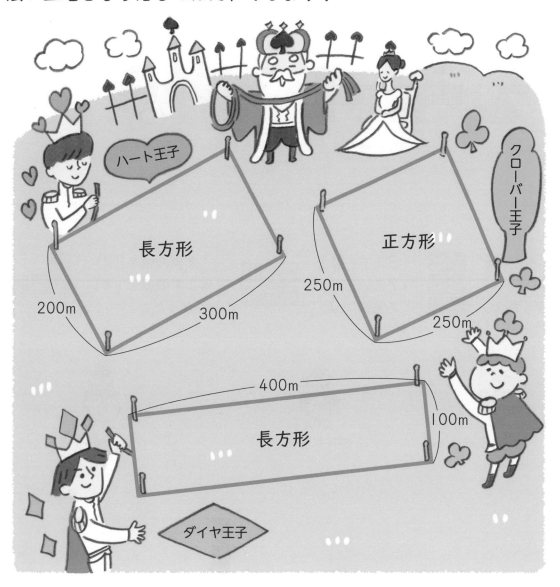

答え _____ 王子

2 王女様からの問題で，3人の王子様は立方体の展開図<ruby>てんかいず</ruby>をつくることになりました。それぞれにわたされた紙を動かすと，いろいろなパターンの展開図をつくることができそうです。3人のうち，いちばん多くの展開図をつくれるのはだれでしょう。

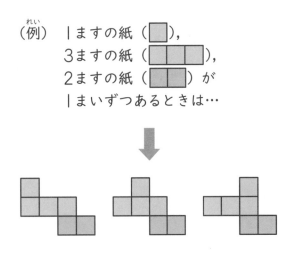

（例<ruby>れい</ruby>）1ますの紙（　），
3ますの紙（　），
2ますの紙（　）が
1まいずつあるときは…

【考え方】
・紙の上下は入れかえず，左右に動かして考えよう。
・うら返したり，回したりして同じ形になるものは，まとめて1つとするよ。

この3つが
考えられるわ！

王女様

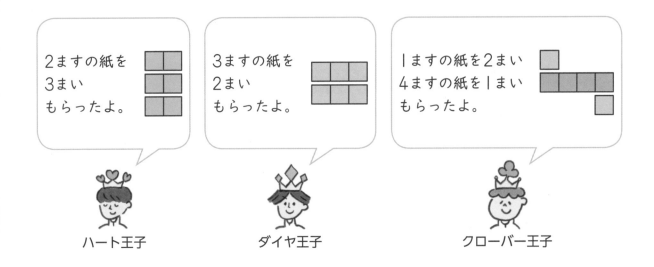

2ますの紙を
3まい
もらったよ。

3ますの紙を
2まい
もらったよ。

1ますの紙を2まい
4ますの紙を1まい
もらったよ。

ハート王子　　　　　ダイヤ王子　　　　　クローバー王子

答え	
	王子

答え ▶ 96ページ

名前

月　日　10分

得点

点

1 次の数を数字で書きましょう。　　　　　　　　　　1つ4点【12点】

① 八兆五百三十億七百万　　　　（　　　　　　　　　　）

② 1000万を640こ集めた数　　　（　　　　　　　　　　）

③ 590億を100倍した数　　　　（　　　　　　　　　　）

2 右の図で，⑦と④の直線は平行です。あ〜う
の角度は何度ですか。　　　　　　　1つ4点【12点】

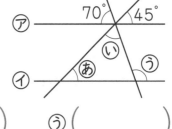

あ（　　　　　）　　い（　　　　　）　　う（　　　　　）

3 下の図のようなひし形をかきましょう。
【10点】

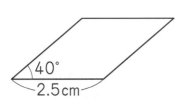

4 次の長さや重さを，〔　〕の中の単位で表しましょう。　　1つ4点【16点】

① 1m5cm 〔m〕

（　　　　　　　　）

② 6428g 〔kg〕

（　　　　　　　　）

③ 375m 〔km〕

（　　　　　　　　）

④ 8g 〔kg〕

（　　　　　　　　）

5 次の問題に答えましょう。

式4点，答え4点【16点】

① 右のような形の面積は何cm²ですか。
（式）

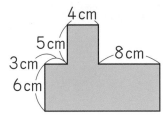

(　　　　　　　)

② 1辺が90mの正方形の形をした畑の面積は何aですか。
（式）

(　　　　　　　)

6 次の数を四捨五入して，（　）の中の位までのがい数で表しましょう。

1つ5点【10点】

① 2547（百の位）　　　② 49638（千の位）

(　　　　　　)　　　　　　　　　(　　　　　　)

7 次の仮分数は帯分数か整数に，帯分数は仮分数になおしましょう。

1つ4点【12点】

① $\dfrac{21}{3}$　　　　② $\dfrac{29}{8}$　　　　③ $3\dfrac{6}{7}$

(　　　　)　　　　(　　　　)　　　　(　　　　)

8 右の直方体の展開図を組み立てます。次の問題に答えましょう。

1つ6点【12点】

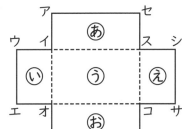

① 点アと重なる点はどれですか。全部答えましょう。

(　　　　　　　　　　)

② 辺キクと垂直な面はどれですか。全部答えましょう。

(　　　　　　　　　　)

答え ▶ 96ページ

①　億の位・兆の位　5~6ページ

1　①百五十二億六千七百万
　②六千三十億九千万
　③七百四億三百万
　④一兆三千五百八億
　⑤二十兆九千百四十億
　⑥八百五兆九十億

2　①75208000000
　②408160000000
　③79002000000000

3　①二百九億六百万
　②四千百五十八億
　③三兆六千四百七十億
　④五百三十八兆一億
　⑤一兆六千四百九億
　⑥千四十八兆三百億

4　①45290000000
　②3008500000
　③750300000000
　④5040820000000
　⑤95006000000000
　⑥310690000000000

②　数のしくみ①　7~8ページ

1　①740000000
　②50700000000
　③3060007000000
　④100080900000000

2　①280000000
　②16000000000

③5460000000000
④32078000000000

3　①6008000000
　②2700090000000
　③3005004000000000

4　①1500000000
　②14501000000000

5　①73　　　　②4，3029

③　数のしくみ②　9~10ページ

1　①⑦4億　　　㋑15億
　②⑦60億　　　㋑180億
　③⑦500億　　　㋑1600億
　④⑦4000億
　　㋑1兆5000億

2　①<　　　　②>

3　①⑦63億　　　㋑77億
　②⑦860億　　　㋑1000億
　③⑦3億4000万
　　㋑4億7000万
　④⑦9800億
　　㋑1兆900億

4　①>　　　　②<

⒤アドバイス　**2**の②，**4**の②は，けた数が同じだから，いちばん上の位から数字をくらべていきます。

　3の①のいちばん小さい1めもりは1億，②は10億，③は1000万，④は100億を表しています。

④	数のしくみ③	11~12 ページ

1 ①60億 ②320億
③4兆

2 ①200億 ②1800億
③9兆 ④30兆

3 ①4億 ②6兆
③7000億

4 ①10倍…290億
100倍…2900億
②10倍…7000億
100倍…7兆
③10倍…5600億
100倍…5兆6000億
④10倍…8兆
100倍…80兆
⑤10倍…60兆
100倍…600兆

5 ①5億 ②39億
③900億 ④106億
⑤2000億 ⑥9700億

⑤	数のしくみ④	13~14 ページ

1 ①10倍 ②100倍
③10000倍

2 ①9876543210
②9876543201
③1023456789
④1023456798

3 ①十兆の位 ②1000倍
③10000倍
④10000000倍

4 ①9874321100
②1001234789
③8001123479

アドバイス **3**の④は，⑦の位は⑦の位より7つ左なので，1に0を7こつけて，10000000倍になります。
4の③は，80億より小さくて近い数と大きくて近い数の2つを考えます。小さくて近い数は7984321100，大きくて近い数は8001123479で，この2つの数のうち，80億に近いほうを答えましょう。

⑥	大きい数の計算	15~16 ページ

1 ①38万 ②64億
③64兆 ④93兆
⑤4万 ⑥36億
⑦7億 ⑧45兆

2 ①360000 ②36億
③9450000 ④945億

3 ①83万 ②70億
③131億 ④84兆
⑤46万 ⑥35億
⑦33兆 ⑧36兆

4 ①7680000 ②768万
③768億 ④768兆

5 ①84万 ②96億
③564兆 ④2158兆

アドバイス **2**，**4**，**5**では，1万×1万＝1億，1億×1万＝1兆になることを使って答えましょう。

4の③ 24万×32万＝768億

1万×1万＝1億

④ 24億×32万＝768兆

1億×1万＝1兆

⑦ 折れ線グラフのよみ方

17~18ページ

1 ⑦○　⑦△　⑦△　⑦○

2 ①16度　　　　②午後4時
③午後1時から午後2時まで
④午前10時と午前11時の間

3 ⑦△　⑦○　⑦○　⑦△

4 ①22度　　　　②午前11時
③午後1時で，27度
④午後3時と午後4時の間

⑧ 折れ線グラフのかき方

19~20ページ

1

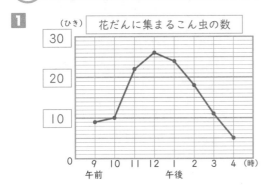

2

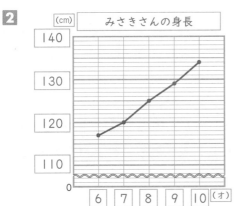

3

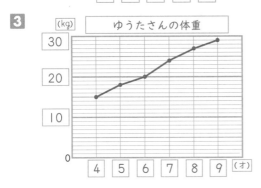

4

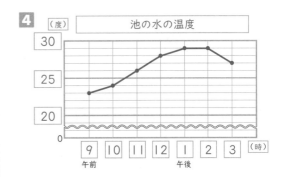

⑨ 2つの折れ線グラフ

21~22ページ

1 ①

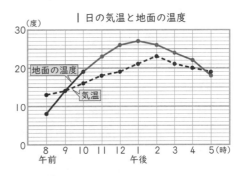

②午後2時で，23度
③午後1時で，27度
④地面の温度
⑤午前12時で，7度

2 ①

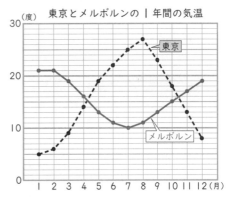

②7月で，10度
③8月で，27度
④メルボルン
⑤正しい

10 整理のしかた①

23〜24ページ

1 ①

色板の形と色

形＼色	緑		赤		黄		合計
三角形	正下	8	下	3	一	1	12
四角形	正	5		0	正一	6	11
円	正	4	一	1	丁	2	7
合計		17		4		9	30

② 5まい　　　③12まい

④17まい

⑤緑の三角形の色板

⑥30まい

2 ①

けがの種類とけがをした場所

けがの種類＼場所	校庭		教室		ろうか		体育館		合計
すりきず	正	5	一	1	丁	2		0	8
切りきず	一	1	下	3		0	一	1	5
うちみ	一	1		0		0	丁	2	3
ねんざ	一	1		0		0	一	1	2
合計		8		4		2		4	18

②3人

③校庭ですりきずをした人

④18人

11 整理のしかた②

25〜26ページ

1 ①

あ

⑾	⑦	人数
○	○	2
○	×	4
×	○	6
×	×	3

い

持ちもの調べ（人）

＼	ハンカチ		合計
	持ってきている	持ってきていない	
チリ紙　持ってきている	2	6	8
チリ紙　持ってきていない	4	3	7
合計	6	9	15

②3人　　　③6人

2

公園でぼうしをかぶっている人調べ(人)

＼	かぶっている	かぶっていない	合計
子ども	7	5	12
おとな	2	6	8
合計	9	11	20

3 ①

かっている動物調べ（人）

＼	犬		合計
	かっている	かっていない	
ね　かっている	3	4	7
こ　かっていない	6	7	13
合計	9	11	20

②3人　　　③6人

④13人

4

ハイキングのお昼ご飯調べ(人)

	パン	おにぎり	合計
子ども	9	8	17
おとな	10	8	18
合計	19	16	35

> **アドバイス** **4**
>
> では，まずわかっている人数を表に書くと，右のようになります。次に，

＼	パン	おにぎり	合計
子ども	9	㋐	㋑
おとな	㋒	㋓	18
合計	㋔	16	35

表をたて，横に見て，3つの数のうち，2つの数がわかっているところを見つけます。残りの1つの数は，計算で求められます。

㋑…35−18＝17

㋔…35−16＝19

㋑，㋔がわかったことによって，㋐，㋒も求められます。

㋐…17−9＝8

㋒…19−9＝10

このように，わかるところから順にうめていきます。

12 角度のはかり方 27~28 ページ

1 あ40° い25°
　　う130°

2 あ220° い205°
　　う300°

3 あ70° い45°
　　う80° え125°

4 あ230° い255°
　　う290° え335°

▶アドバイス　180°より大きい角度は，180°＋○°と考えてはかっても，360°－△°と考えてはかってもよいです。

2 い　205°

ここの角度をはかると25°
180＋25＝205で，205°

う300°
ここの角度をはかると60°
360－60＝300で，300°

4 う
ここの角度をはかると70°
360－70＝290で，290°

13 角のかき方 29~30 ページ

1~**4**　答えの図は省いています。角をかいたら，分度器ではかってたしかめておきましょう。

▶アドバイス　角をかくときは，まずはじめに分度器の中心を直線のはしに合わせ，0°の線を直線にそろえるようにしましょう。

　また，180°より大きい角は，180°＋○°や360°－△°と考えて，

次のようにかきます。

1の③

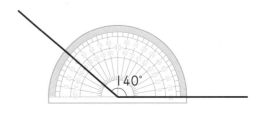

140°

2の③　360－300
　　　＝60なので，
　　　360°より60°
　　　小さい角をかきます。

300°
60°

4の①　240－180
　　　＝60なので，
　　　180°より
　　　60°大きい角をかきます。

240°
60°

②　235－180
　　＝55なので，
　　180°より
　　55°大きい角をかきます。

235°
55°

③　360－285
　　＝75なので，
　　360°より75°
　　小さい角をかき
　　ます。

285°
75°

④　360－325
　　＝35なので，
　　360°より35°
　　小さい角をかきます。

325°
35°

1 ⓐ110°　　ⓘ40°

Ⓤ330°　　ⓔ310°

2 ⓐ120°　　ⓘ135°

Ⓤ60°

3 ⓐ115°　　ⓘ45°

4 ⓐ75°　　ⓘ15°

Ⓤ135°

5 答えの図は省いています。三角形をかいたら，長さと角をはかってたしかめておきましょう。

🅘アドバイス　**1**，**3**は，半回転の角180°や1回転の角360°より，何度小さいかを考えて計算します。

2，**4**は，1組の三角じょうぎの角の大きさを覚えて，その和や差を考えて計算します。

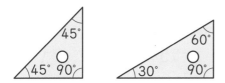

5は，辺アイをひいて，角アと角イをかき，その交わった点を頂点ウとします。

1 ⓘ180−140=40

ⓔ360−50=310

2 ⓘ90+45=135

Ⓤ90−30=60

3 ⓐ180−65=115

ⓘ180−45=135

180−135=45

4 ⓐ45+30=75

ⓘ45−30=15

Ⓤ180−45=135

1 ①1.26L　　②0.43L

2 ア4.93m　　イ4.99m

ウ5.05m　　エ5.11m

3 ①1.475kg　　②3.06kg

③0.814kg

4 ①0.258L　　②0.065L

5 ①90こ　　②500こ

6 ①3.09m　　②0.847km

③3.015kg　　④0.058km

⑤2.007kg

1 ①4.837　　②9.05

2 ①148こ　　②32こ

3

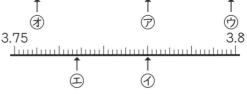

4 ①>　　②<

5 ①5.928　　②0.306

③7.5　　④0.019

6 ①0.45　　②0.05

③4, 5

7 7.5, 7.05, 0.75, 0.705, 0.075

🅘アドバイス　**3**の1めもりは0.001を表しています。

⑰ がい数の表し方①　37~38ページ

1 ①6000　②3000
③5000　④7000
⑤18000　⑥51000
⑦40000

2 ①5, 6, 7, 8, 9
②0, 1, 2, 3, 4

3 ①⑦20000　⑦22000
②⑦80000　⑦76000
③⑦700000　⑦690000
④⑦400000　⑦440000
⑤⑦4000000
⑦3980000

4 ①0, 1, 2, 3, 4　②5

⚫アドバイス　**4**の②は十の位の8を切り上げるので□は6より1小さい数です。

⑱ がい数の表し方②　39~40ページ

1 ①5800　②4000
③8000　④22000
⑤600000　⑥1750000

2 ①85000　②27000
③610000　④1800000
⑤5200000

3 ①6300　②3800
③41000　④98000
⑤760000　⑥2100000

4 ①70000　②200000

5 ①18000　②510000
③890000　④3100000

⑲ がい数の表すはんいとがい数の使い方　41~42ページ

1 ①6450
②6450（以上）6550（未満）

2 ①

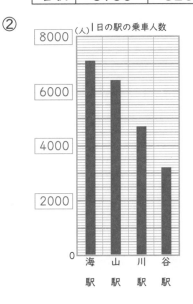

駅名	乗車人数(人)	がい数(人)
海駅	7084	7100
山駅	6409	6400
川駅	4728	4700
谷駅	3156	3200

②

3 ①245, 254
②8650, 8750

4 ①

場所	入場者数(人)	がい数(人)
東遊園地	83065	83000
西動物園	56541	57000
北植物園	48497	48000
南水族館	29703	30000

②

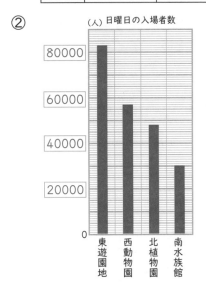

⑳ 垂直 43~44ページ

1 ⑦, ⑤

2 ⑦, ⑦

3 ①⑦　②⑦

4 ①辺AD, 辺BC　②辺AB, 辺DC

5 ⑤, ⑦

6 ①⑦　②⑦

㉑ 平行 45~46ページ

1 ⑦, ⑦

2 ①3cm　②⑤60°　⑥120°

3 ①　②

4 ①2組
②辺ABと辺DC, 辺ADと辺BC

5 ⑦と⑦, ⑦と⑦

6 ①⑦, ⑦, ⑦, ⑦　②130°

㉒ 台形と平行四辺形 47~48ページ

1 ⑦, ⑦

2 ⑦, ⑤

3 ①辺BC…4cm　辺CD…3cm
②⑤70°　⑥110°

4 ①辺DC　②辺BC　③⑥の角
④⑦115°　⑤65°

5 図を省いています。

㉓ ひし形 49~50ページ

1 ⑦, ⑤

2 ①3cm　②辺DC
③⑤130°　⑥50°

3 図を省いています。

4 ①辺AD, 辺BC, 辺BD
②ひし形　③20cm
④辺CB

5 図を省いています。

㉔ 対角線 51~52ページ

1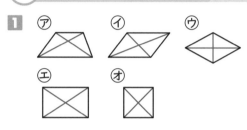

2 ①2本　②⑦, ⑦　③⑤, ⑦
④⑦　⑤⑤, ⑦

3 ①直角三角形　②二等辺三角形
③⑦, ⑦, ⑤, ⑦

4 ①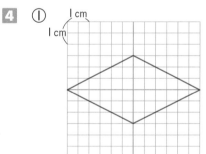

②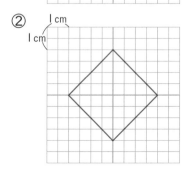

❶（例）

❷ ㋐, ㋑, ㋤, ㋕

（例）㋐ ㋑

❶ 真分数…㋐, ㋕　仮分数…㋑, ㋤
　　帯分数…㋒, ㋙

❷ ①仮分数…$\frac{7}{5}$m　帯分数…$1\frac{2}{5}$m
　　②仮分数…$\frac{8}{3}$m　帯分数…$2\frac{2}{3}$m
　　③仮分数…$\frac{7}{4}$L　帯分数…$1\frac{3}{4}$L
　　④仮分数…$\frac{19}{6}$L　帯分数…$3\frac{1}{6}$L

❸ ①仮分数…$\frac{10}{7}$m　帯分数…$1\frac{3}{7}$m
　　②仮分数…$\frac{19}{8}$L　帯分数…$2\frac{3}{8}$L

❹
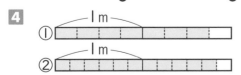

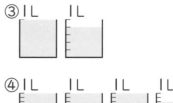

③1L　1L
④1L　1L　1L　1L

❶ ア 仮分数…$\frac{6}{5}$　　帯分数…$1\frac{1}{5}$
　　イ 仮分数…$\frac{13}{5}$　帯分数…$2\frac{3}{5}$

❷ ①$\frac{7}{4}$, $1\frac{3}{4}$　②$\frac{3}{4}$　③6, 13

❸ ア　仮分数…$\frac{9}{7}$　　帯分数…$1\frac{2}{7}$
　　イ　仮分数…$\frac{15}{7}$　帯分数…$2\frac{1}{7}$

```
0        1        2        3
|--------|--------|--------|
                ↑        ↑
              1 3/7    2 5/7
```

❹ ①$\frac{13}{9}$, $1\frac{4}{9}$　②$1\frac{7}{9}$, $\frac{16}{9}$
　　③11, 23

❶ ①$1\frac{2}{3}$　②3　③$1\frac{3}{5}$
　　④4　⑤$2\frac{1}{4}$　⑥2

❷ ①$\frac{7}{5}$　②$\frac{7}{6}$　③$\frac{11}{4}$
　　④$\frac{25}{7}$　⑤$\frac{23}{5}$

❸ ①$1\frac{1}{5}$　②$3\frac{1}{4}$　③3
　　④$2\frac{3}{8}$　⑤5　⑥$3\frac{6}{7}$

❹ ①$\frac{4}{3}$　②$\frac{9}{4}$　③$\frac{27}{8}$
　　④$\frac{23}{9}$　⑤$\frac{34}{5}$　⑥$\frac{37}{10}$

29　分数の大小と大きさの等しい分数　61~62ページ

1　①$\frac{7}{3} < 2\frac{2}{3}$　②$\frac{8}{5} > 1\frac{2}{5}$

　③$\frac{9}{2} < 5$

2　①$\frac{2}{8}$　②$\frac{4}{6}$, $\frac{6}{9}$

　③$\frac{1}{3}$

3　①$\frac{11}{4} < 3$　②$\frac{14}{6} > 2\frac{1}{6}$

　③$4\frac{2}{3} > \frac{13}{3}$

4　①$\frac{2}{6}$, $\frac{3}{9}$

　②$\frac{1}{2}$, $\frac{2}{4}$, $\frac{3}{6}$, $\frac{5}{10}$

　③⑦$<$　　　⑦$>$

30　長方形と正方形の面積　63~64ページ

1　①6cm²　　②4cm²

　③7cm²

2　①13×9=117　　　117cm²

　②9×9=81　　　　81cm²

　③8×13=104　　　104cm²

　④10×10=100　　100cm²

3　①5cm²　　②6cm²

4　①9×12=108　　108cm²

　②11×11=121　　121cm²

　③12×18=216　　216cm²

　④8×38=304　　304cm²

　⑤14×14=196　　196cm²

31　長方形の面積　65~66ページ

1　①4×5=20　　　20cm²

　②13×7=91　　　91cm²

　③6×12=72　　　72cm²

　④16×3=48　　　48cm²

2　①□×8=40

　②5cm

3　①8×12=96　　　96cm²

　②14×7=98　　　98cm²

　③21×4=84　　　84cm²

　④9×100=900　　900cm²

4　□×9=54

　□=54÷9=6　　　6cm

5　8×□=112

　□=112÷8=14　　14cm

32　くふうして面積を求める　67~68ページ

1　①⑦3×4+5×10=62　　62cm²

　　⑦8×4+5×6=62　　62cm²

　②8×10−3×6=62　　62cm²

2　6×4+7×25=199

　　　　　　　　　　　199cm²

3　①10×14−6×5=110

　　　　　　　　　　　110cm²

　②10×12−4×4=104

　　　　　　　　　　　104cm²

　③4×6×4+4×4=112

　　　　　　　　　　　112cm²

　④12×12+8×15−3×6

　=246　　　　　246cm²

★**2**, **3**の面積の求め方は，ほかにも
いろいろと考えられます。上でしめ
した式は1つの例なので，別の考え
方で求めてもかまいません。

33 大きな面積 69~70ページ

1 ①6×8=48　　　　48m²
　　②7×7=49　　　　49m²
2 ①3×5=15　　　　15a
　　②6×6=36　　　　36ha
　　③4×8=32　　　　32km²
3 ①5×12=60　　　　60m²
　　②8×15=120　　　120a
　　③8×8=64　　　　64ha
　　④7×9=63　　　　63km²
4 ①10000　　　　②5000000
　　③30　　　　　④70000

34 面積の単位 71~72ページ

1 あ100　い m²　う100　え ha
　　お100
2 ①4　　　②400　　　③100
3 （左から）1，1，1，1，1
4 100倍
5 ①100　②1000000　③100

アドバイス　4 いのたてと横の長さ
はあのたてと横の長さの10倍だから，
いの面積はあの面積の10×10（倍）です。

35 面，辺，頂点 73~74ページ

1 ①直方体　　　　②立方体
　　③直方体
2 ①面　　②辺　　　③頂点
3 ①面…6　辺…12　頂点…8
　　②3組　　　　③3組
4 面…6　辺…12　頂点…8
5 ①面　　　　②平面
　　③大きさ，正方形
6 ①4，2　②8，4

36 見取図と展開図 75~76ページ

1

2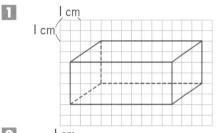

3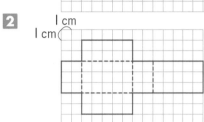

4 ①×　　　②×　　　③○
　　④×　　　⑤○　　　⑥○

37 面や辺の垂直・平行 77~78ページ

1 ①面い，面う，面え，面お
　　②面か
　　③3組
2 ①辺AD，辺AE
　　②辺AB，辺AD，辺EF，辺EH
　　③辺BF，辺CG，辺DH
　　④4（つずつ）3（組）
3 ①辺AE，辺BF，辺CG，辺DH
　　②辺AB，辺BC，辺CD，辺AD
　　③4，4
4 ①面あ，面い，面え，面か
　　②面い
　　③面あ，面か

38 位置の表し方 79~80ページ

1 ①2，3　②4，2

③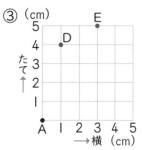

2 ①4，1，3
②点C…4，1，0
　点D…5，3，2

3 ①点B（横3cm，たて5cm）
　　点C（横7cm，たて9cm）
　　点D（横9cm，たて0cm）

②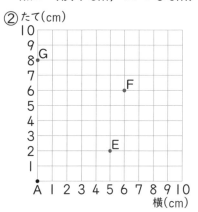

4 ①（横8cm，たて4cm，高さ5cm）
②（横0cm，たて4cm，高さ5cm）
③（横8cm，たて4cm，高さ0cm）

39 算数パズル 81~82ページ

❶ クローバー王子
　ハート王子…60000m²，
　ダイヤ王子…40000m²，
　クローバー王子…62500m²

❷ クローバー王子
　★それぞれ次のようになります。

ハート王子…1つ　

ダイヤ王子…1つ

クローバー王子…6つ

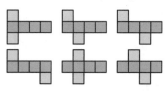

40 まとめテスト 83~84ページ

1 ①8053007000000
　②6400000000
　③5900000000000

2 ⑧45°　　⑩65°　　⑨110°

3

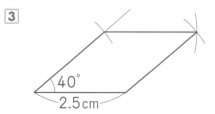

40°
2.5cm

4 ①1.05m　　②6.428kg
　③0.375km　　④0.008kg

5 ①5×4+6×15＝110　110cm²
　②9×9＝81　　　　　　81a

6 ①2500　　②50000

7 ①7　　②3 5/8　　③27/7

8 ①点ウ，点キ　　②面⑩，面⑧

✐アドバイス　**5**の
①は，右の図のよ
うに，2つの長方形に
分けて，それぞれの
長方形の面積をたします。

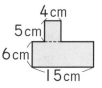
4cm
5cm
6cm
15cm

　②は，1辺が10mの正方形が1辺
に9こずつならぶから，全部で，
9×9＝81（こ）になります。